GIS

专题地理信息系统开发与应用丛书／王家耀 主编

城市规划与建设地理信息系统

张新长 马林兵 编著

武汉大学出版社

图书在版编目(CIP)数据

城市规划与建设地理信息系统/张新长,马林兵编著.—武汉:武汉大学出版社,2007.10
(专题地理信息系统开发与应用丛书/王家耀主编)
ISBN 978-7-307-05806-4

Ⅰ.城… Ⅱ.①张… ②马… Ⅲ..①地理信息系统—应用—城市规划—研究 ②地理信息系统—应用—城市建设—研究 Ⅳ.TU984 P208

中国版本图书馆 CIP 数据核字(2007)第 141412 号

责任编辑:任 翔　　责任校对:王 建　　版式设计:詹锦玲

出版发行:武汉大学出版社　(430072 武昌 珞珈山)
　　　　　(电子邮件:wdp4@whu.edu.cn 网址:www.wdp.whu.edu.cn)
印刷:湖北新华印务公司
开本:787×1092　1/16　印张:13.75　字数:325 千字
版次:2007 年 10 月第 1 版　　2007 年 10 月第 1 次印刷
ISBN 978-7-307-05806-4/TU·67　　定价:20.00 元

版权所有,不得翻印;凡购买我社的图书,如有缺页、倒页、脱页等质量问题,请与当地图书销售部门联系调换。

内 容 简 介

本书全面、系统地论述了城市规划与建设地理信息系统的基本原理、应用方法、最新理论与发展趋势，以及在城市规划与建设方面的许多应用实例，所涉及各方面的主要内容及相关关键技术是当前城市地理信息系统研究与开发重点考虑的技术问题之一。全书共分八章，内容包括：绪论——城市规划与建设地理信息概述；城市规划与建设地理信息系统的基本理论；城市规划与建设地理信息系统分析；城市规划与建设空间数据库的设计与建立；城市规划与建设地理信息系统的开发；城市规划与建设地理信息系统的运行与维护；城市规划与建设地理信息系统的应用；城市规划与建设地理信息系统发展前景等。

本书可作为城市规划和管理人员、城市地理信息系统研究和开发人员以及大专院校有关专业的教师、高年级本科生和研究生教学参考资料。

序

地理信息系统（Geographic Information System，GIS）是伴随着信息技术的进步和社会需求的不断增长而发展起来的，如今已成为各部门、各行业特别是社会公众工作、学习、生活、文化和人际交流的有效的空间信息服务工具，而且这种势头目前正随着国家信息化的迅速推进而变得更加强劲，地理信息系统的应用已成为学界、业界和广大用户共同关注的问题。

地理信息系统出现以来的 40 多年中，其技术、数据源和功能都发生了深刻的变化，而这一切又都是为了应用。地理信息系统本质上就是一种应用系统，其应用范围目前已遍及资源调查与利用、环境监控与治理、地质灾害监测与预报、灾后恢复与重建、城市规划与管理、社会治安与社区管理、土地利用与管理、地籍与房产管理、旅游资源管理与服务、智能交通与公交信息服务、电子政务与公众信息服务、电子商务与物流、文化教育与医疗卫生、规划与管理、气象预报与洪涝灾害、城市综合管网勘察与管理、水土保持与退耕还林、森林灾害监视与防治等领域，并发挥了重要作用。可以说，凡是与空间定位或空间分布特征相关的领域都需要使用地理信息系统。在这种情况下，地理信息系统由工具软件转向应用软件开发并进而转向地理信息应用服务，就成为必然的趋势。

武汉大学出版社组织编写出版的这套地理信息系统开发与应用丛书，经过一年多的精心组织和编纂，将先后面世。这套丛书的编写紧密结合地理信息系统的应用，尽量不涉及或少涉及地理信息系统的基本理论和基本方法，以应用服务作为主轴来组织内容，突出应用服务是其显著特色。这套丛书的出版，必将进一步推动地理信息系统在各部门、各行业的应用。

当前，我国数字城市、数字海洋、数字江河建设正在蓬勃开展，地理信息系统的应用已经展现出了更加广阔的前景，我们期望继续组织编纂和出版有领域应用特色的地理信息系统应用著作，期望随着更多的业内同行参与到这类应用丛书的编纂中来，让地理信息系统应用之花越开越鲜艳！

中国工程院院士
王家耀
2007 年 5 月

前　言

随着地理信息技术的快速发展和应用领域的不断拓展，地理信息系统正在融入IT技术的主流，成为IT技术的重要组成部分。

城市是人类文明的象征，是人类社会物质和精神财富生产、积聚和传播的中心。城市规划与建设地理信息系统是实现城市现代化管理的主要技术手段之一。本书紧扣"城市"特色，把理论性和实用性紧密地结合起来，抓住城市规划与建设地理信息系统的核心和重点，充分体现了城市规划与建设所必须使用的信息化技术。该书的出版对城市规划和管理人员、城市地理信息系统研究和开发人员，以及大专院校有关专业的教师、高年级本科生和研究生具有重要的参考作用。

本书全面、系统地论述了城市规划与建设地理信息系统的基本原理、应用方法、系统分析、数据库建立与运行、发展前景，并介绍了在城市规划与建设方面的许多应用实例。全书共分八章，内容包括：第1章，绪论。首先从城市规划与建设的内涵入手，论述了城市规划与建设的基本内容、基本特征、城市地理信息的地位、作用及研究意义，简单介绍了城市地理信息在城市规划与建设中的技术需求和一些应用；随后简要介绍了城市规划与建设信息系统的主要内容。第2章，城市规划与建设地理信息系统的基本理论。主要阐述了地理信息系统和城市地理学等基础理论。通过对这些基础理论的介绍，说明了城市地理信息系统是多学科交叉的集中体现。本章还介绍了城市地理信息系统空间定位、城市地理信息的分类与编码、城市地理信息系统数据组成、特点及其城市空间数据结构特征等与城市地理信息系统有关的一些理论和概念。第3章，城市规划与建设地理信息系统分析。在前两章的基础上，从研究城市规划与建设地理信息系统的技术与方法角度出发，介绍了城市规划与建设地理信息系统的目标分析、数据分析、业务功能需求分析、支持平台分析，以及需求分析阶段的任务和方法；随后介绍了城市规划领域信息系统分析的主要内容。第4章，城市规划与建设空间数据库的设计与建立。论述了空间数据库设计的特点，结合城市规划与建设实际，介绍了城市基础地理数据库、城市基础地质数据库、城市规划成果数据库、城市规划管理数据库等的设计特点和建库过程，为后面的系统开发设计铺垫好基础。第5章，城市规划与建设地理信息系统的开发。本章从城市规划与建设地理信息系统的软件工程入手，论述了系统的开发原则与任务，系统的框架和建设步骤，系统软硬件的集成和测试方法，同时介绍了建设项目的规划方案、组织结构及实施管理。第6章，城市规划与建设地理信息系统的运行与维护。介绍了数据库系统维护的特点和注意事项，着重阐述了数据更新的方法和维护机制，以及系统运行管理的相关工作人员的培训。第7章，城市规划与建设地理信息系统建设应用。本章在上述理论、技术与方法的指导下，全面详细地介绍了地理信息系统中城市规划与建设领域的几个应用实例。主要包括：（1）城市空间基础地理信息系统——介绍了城市空间基础信息系统的开发、设计、建设步骤及相应的实施管理；(2) 城市规划管理信息系统——主要是通过分析地理信息系统中城市规划管理方面的应用，进行相应的功能设计，提高规划业务的工作效率；(3) 城市地下管线信息系统——分析城市地下管线的特点、功能、数据结构等，总结出地下管线信息系统的综合应用功能，并结合实际，介绍了系统的实施管理问题。第8章，城市规划与建设地理信息系统的发展前景。介绍了数字城市、城市三维地理信息系统、电子政务等。

本书由主编张新长策划并拟定编写大纲，第1章、第2章、第3章、第5章、第7章和第8章由张新长编写；第4章、第6章由马林兵编写。全书由张新长统稿。本书在编写过程中，得到了中国工程院院士、解放军信息工程大学王家耀教授的热情指导和帮助，北京大学邬伦教授，中山大学许学强教授、黎夏教授，武汉大学刘耀林教授以及武汉大学出版社任翔副编审也给予了多方面的帮助；史敏先生作为责任编辑，为本书付出了辛勤的劳动。特别值得一提的是，本书的编写得到了广州城市信息研究所有限公司总经理宋振宇博士的大力支持和协助，并提供了很多极其宝贵的素材；中山大学地图学与GIS专业硕士研究生陈鑫祥、付宇等协助作者做了大量的文字及图片整理等工作；本教材在编写过程中还参阅和引用了国内外学者的很多论著，书中仅列出了主要部分。在此一并表示衷心感谢。

本书作为专题地理信息系统开发与应用丛书中的一本，得到了武汉大学出版基金的资助。

由于作者水平有限，加之时间仓促，书中不足之处在所难免，敬请广大读者批评指正。

张新长

2006年11月于广州中山大学

目 录

第1章 绪论 1
  1.1 城市规划与建设的内涵 1
    1.1.1 城市规划与建设的基本内容 1
    1.1.2 城市规划与建设的基本特征 2
    1.1.3 城市规划与建设的要素构成 3
  1.2 城市地理信息概述 4
    1.2.1 城市地理信息的基本特征 5
    1.2.2 城市地理信息的认知 6
    1.2.3 城市地理信息的地位和作用 8
  1.3 城市规划与信息技术 9
    1.3.1 城市规划与建设的技术需求 9
    1.3.2 信息技术在城市规划与建设中的应用 10
    1.3.3 城市规划与城市地理信息技术的结合 11
  1.4 城市规划与建设信息系统的主要内容 11
    1.4.1 建设项目选址规划 11
    1.4.2 建设用地规划 12
    1.4.3 城市综合管线管理 14
    1.4.4 电子报批辅助规划和审批 15
    1.4.5 城市规划监察 16
    1.4.6 城市地籍管理 16
  1.5 本书的主要内容 17
  主要参考文献 18

第2章 城市规划与建设地理信息系统的基本理论 20
  2.1 地理信息系统概述 20
    2.1.1 地理信息系统的构成 20
    2.1.2 地理信息系统的主要特征和功能 21
    2.1.3 地理信息系统的发展前景 23
  2.2 城市地理学 26
    2.2.1 城市形成和发展的条件 26
    2.2.2 城市空间内部结构与组织 27
    2.2.3 城市问题研究 28

2.3 城市地理信息系统空间定位 … 29
2.3.1 空间参照系统 … 29
2.3.2 WGS-84 地心坐标系统及其与国家坐标系的转换 … 35
2.3.3 城市独立坐标系的基本转换方法 … 36
2.4 城市地理信息系统的分类与编码 … 39
2.4.1 城市地理信息的概述 … 39
2.4.2 城市地理信息分类和编码 … 39
2.4.3 城市地理信息的基础和专业信息特点 … 49
主要参考文献 … 49

第3章 城市规划与建设地理信息系统分析 … 51
3.1 城市规划与建设信息系统概要分析 … 51
3.1.1 目标分析 … 51
3.1.2 数据分析 … 52
3.1.3 业务功能分析 … 54
3.1.4 支撑平台分析 … 55
3.2 需求分析 … 57
3.2.1 需求分析的任务与目的 … 57
3.2.2 需求分析的步骤与方法 … 57
3.2.3 业务分析 … 58
3.2.4 编写软件分析说明书 … 59
3.3 系统分析 … 60
3.3.1 城市规划管理组织结构 … 60
3.3.2 城市规划管理业务职能分析 … 60
3.3.3 规划审批业务流程 … 63
3.3.4 规划管理对象模型 … 64
3.3.5 对规划案卷的基本定义 … 67
3.3.6 规划案卷属性的分类 … 69
3.3.7 项目属性的分类 … 69
3.3.8 规划案卷审批过程功能模型 … 70
主要参考文献 … 71

第4章 城市规划与建设空间数据库的设计 … 72
4.1 空间数据库设计概述 … 72
4.1.1 空间数据的特点 … 72
4.1.2 空间数据库设计的概念 … 72
4.1.3 空间数据设计的目标 … 73
4.1.4 空间数据的分层组织 … 73
4.2 城市规划与建设空间数据库组织 … 75

  4.2.1 基本数据源 ··· 75
  4.2.2 空间数据库内容 ·· 75
  4.2.3 城市基础地理数据库 ·· 75
  4.2.4 城市基础地质数据库 ·· 77
  4.2.5 城市规划成果数据库 ·· 78
  4.2.6 城市规划管理数据库 ·· 78
  4.2.7 其他专题属性数据库 ·· 78
 4.3 城市规划与建设基础地理数据库设计 ·· 78
  4.3.1 空间数据库管理模式 ·· 78
  4.3.2 空间参考系的选择 ··· 79
  4.3.3 基础地理数据库设计 ·· 79
  4.3.4 元数据库设计 ··· 83
 4.4 城市规划成果数据库设计 ·· 87
  4.4.1 城市规划成果数据库的组成 ··· 87
  4.4.2 城市规划成果 GIS 数据组织 ·· 88
  4.4.3 城市规划成果 GIS 数据库设计 ··· 90
 4.5 城市综合管线数据库设计 ·· 92
  4.5.1 城市管线数据组织 ··· 92
  4.5.2 城市管线数据编码 ··· 92
  4.5.3 城市管线数据库的建立 ··· 94
 主要参考文献 ·· 95

第 5 章 城市规划与建设地理信息系统的开发 ··· 97
 5.1 开发的原则与任务 ··· 97
  5.1.1 开发的目标 ·· 97
  5.1.2 开发的任务 ·· 98
  5.1.3 与其他信息系统的不同点 ·· 98
 5.2 系统的软件体系框架与分步实现策略 ·· 99
  5.2.1 软件体系框架 ··· 99
  5.2.2 建设与实施步骤 ··· 101
  5.2.3 规划方案审批功能实现的策略 ··· 102
 5.3 系统集成 ··· 104
  5.3.1 硬件平台的选择与集成 ·· 104
  5.3.2 软件平台的选择与集成 ·· 105
  5.3.3 集成测试的方法 ··· 110
 5.4 数据库实施与测试 ·· 111
  5.4.1 空间数据与属性数据的连接 ·· 111
  5.4.2 数据库运行与维护 ·· 112
  5.4.3 运行维护设计要求 ·· 113

5.5 项目的开发管理 114
　5.5.1 项目规划的方案 114
　5.5.2 项目实施组织机构 114
　5.5.3 项目实施的管理 117
　5.5.4 软件开发提供的文档 117
　5.5.5 项目的软件工程监理 118
主要参考文献 120

第6章 城市规划与建设地理信息系统的运行与维护 121
6.1 系统维护 121
　6.1.1 系统维护的内容 121
　6.1.2 系统开发与维护方式选择 121
　6.1.3 系统维护人员的职责 122
　6.1.4 信息中心在规划建设部门的定位 122
6.2 数据维护与更新 123
　6.2.1 数字线画图更新 124
　6.2.2 规划数据更新 125
　6.2.3 管线数据更新 126
　6.2.4 历史空间数据更新方案 126
6.3 人员培训 127
主要参考文献 128

第7章 城市规划与建设地理信息系统的应用 129
7.1 城市空间基础地理信息系统建设实例 129
　7.1.1 系统目标与总体设计 129
　7.1.2 系统标准化与规范化 135
　7.1.3 系统建设的主要内容与功能设计 138
7.2 城市规划管理信息系统建设实例 151
　7.2.1 规划局信息化的几种模式 151
　7.2.2 业务系统和数据的几种整合模式 152
　7.2.3 通用业务流程的总结 152
　7.2.4 系统开发前期准备及数据准备 154
　7.2.5 图文查询与图档功能设计 156
　7.2.6 规划监察系统设计 158
　7.2.7 系统运行环境与网络平台选择 160
　7.2.8 系统总体投资概算与开发时间计划 161
7.3 城市地下管线信息系统建设实例 162
　7.3.1 地下管线的特点 163
　7.3.2 地下管线的数据模型和数据结构 163

  7.3.3 地下管线信息系统的数据组织 …………………………………………… 168
  7.3.4 地下管线空间数据的采集与建库 ………………………………………… 169
  7.3.5 地下管线信息系统的综合应用功能分析 ………………………………… 170
  7.3.6 地下管线信息系统的实施 ………………………………………………… 178
 主要参考文献 …………………………………………………………………………… 178

第8章 城市规划与建设地理信息系统的发展前景 ……………………………… 180
 8.1 数字城市概述 …………………………………………………………………… 180
 8.2 数字城市的内容 ………………………………………………………………… 182
  8.2.1 数字城市的框架结构 ……………………………………………………… 182
  8.2.2 数字城市建设的主要内容 ………………………………………………… 184
 8.3 城市三维地理信息系统 ………………………………………………………… 185
  8.3.1 三维空间数据模型 ………………………………………………………… 186
  8.3.2 城市三维空间数据的采集方法 …………………………………………… 190
  8.3.3 三维地理信息系统在城市规划中的应用 ………………………………… 194
 8.4 城市 GIS 应用的展望 …………………………………………………………… 199
  8.4.1 GIS 在城市规划政府管理部门的应用 …………………………………… 199
  8.4.2 GIS 与电子政务 …………………………………………………………… 202
 主要参考文献 …………………………………………………………………………… 204

第 1 章 绪 论

1.1 城市规划与建设的内涵

城市是人类文明的载体,同时也是国家和地区社会经济发展的中心。现代城市是一个多功能、社会化的有机综合体,是一个高度复杂的动态大系统。城市的内部功能完善、结构的合理化迫切需要城市规划的引导,城市建设本身不可能自发地朝着可持续发展的方向健康有序地迈进。因此,城市规划是城市复杂系统运转、创造良好人居环境的根本保障,否则,将严重阻碍国家与地区社会经济的发展。科学合理的城市规划能为国家与地区的建设带来巨大的综合效益。

1.1.1 城市规划与建设的基本内容

城市规划(Urban Planning)是指为了实现一定时期内城市的经济和社会发展目标,确定城市性质、规模和发展方向,合理利用城市土地、城市空间布局和各项建设的综合部署和具体安排。城市规划是城市建设的基本依据,是保证城市土地合理利用和开发经营活动的前提与基础,是实现城市发展目标的重要手段之一。

就整体而言,城市规划的对象是以城市土地利用为主要内容和基础的城市空间系统。城市规划学科领域是对城市土地利用的综合研究及在土地利用组合基础上的城市空间使用的规划。因此,城市规划通过对城市土地利用的调节,改善城市的物质空间结构和在土地利用中反映出来的社会经济关系,进而改变城市各组成要素在城市发展过程中的相互关系,以达到指导城市发展的目的。

城市规划在其发展的历史中,其内容主要集中在五个方面,即
(1) 城市和区域的发展战略研究。
(2) 土地利用的配置及城市空间的组合和设计。
(3) 交通运输网络的架构及各项城市基础设施的综合安排。
(4) 城市政策的设计与实施。
(5) 城市发展的时序安排和建设的规划管理。

按城市规划的层次分类,可以分为城市总体规划、城市分区规划、城市详细规划三种。

城市建设是一个庞大的系统工程,既有经济建设,又有基础设施建设,还有科技、文化和公共生活服务设施建设。它们之间紧密相连,有些方面还互为促进和制约。因此,必须在城市总体规划这个"总谱"的指导下,有条不紊地进行布局安排,做到统筹安排,各得其所。为保证城市规划的实现,还需通过立法加强管理。

1989年底我国颁布的《中华人民共和国城市规划法》（以下简称《城市规划法》），是我国城市建设管理方面的一部重要法律。随着社会主义市场经济体制的建立，我国政府正把城市建设作为首要的职能。而城市规划是城市建设的龙头，科学、求实和法制化的城市规划及其管理，对城市建设起主导作用。由此可见，城市规划及其管理是城市政府的重要职责，对于市政府工作和城市发展，具有决定性的意义。

1.1.2 城市规划与建设的基本特征

由于生产力和人口的高度集中，城市问题十分复杂。城市规划涉及政治、经济、社会、技术与艺术，以及人民生活的广泛领域。为了对城市规划工作的性质有比较确切的了解，必须进一步认识其特点。

1. 城市规划是综合性的工作

城市的社会、经济、环境和技术发展等各项要素，既互为依据，又相互制约。城市规划需要对城市的各项要素进行统筹安排，使之各得其所、协调发展。综合性是城市规划工作的重要特点，它涉及许多方面的问题，如当考虑城市的建设条件时，会涉及气象、水文、工程地质和水文地质等范畴的问题；当考虑城市发展战略和发展规模时，又涉及大量社会经济和技术的工作；当具体布置各项建设项目、研究各种建设方案时，又涉及大量工程技术方面的工作。当考虑城市空间的组合、建筑的布局形式、城市的风貌、园林绿化的安排等时，则又需要从建筑艺术的角度来处理。而这些问题，都密切相关，不能孤立对待。城市规划不仅反映单项工程设计的要求和发展计划，而且还要综合考虑各项工程设计相互之间的关系。它既为各单项工程设计提供建设方案和设计依据，又须统一解决各单项工程设计相互之间在技术和经济等方面的种种矛盾，因而城市规划部门和各专业设计部门有较密切的联系。

2. 城市规划是法治性、政策性很强的工作

城市规划既是城市各种建设的战略部署，又是组织合理的生产、生活环境的手段，涉及国家经济、社会、环境、文化等众多部门。特别是在城市总体规划中，一些重大问题的解决都必须以有关法律法规和方针政策为依据。例如城市的发展战略和发展规模、居住面积的规划指标、各项建设的用地指标，等等，都不单纯是技术和经济的问题，而是关系到生产力发展水平、人民生活水平、城乡关系、可持续发展等重大问题。

3. 城市规划工作具有地方性

城市的规划、建设和管理是城市政府的主要职能，其目的是促进城市经济、社会的协调发展和加强环境保护。城市规划要根据地方特点，因地制宜地编制；同时，规划的实施要依靠城市政府的筹划和广大城市居民的共同努力。因此，在工作过程中，既要遵循城市规划的科学规律，又要符合当地条件，尊重当地人民的意愿，和当地有关部门密切配合，使规划工作成为市民参与规划制定的过程和动员全民实施规划的过程，使城市规划真正成为城市政府实施宏观调控、保障社会经济协调发展、保护地方环境和人民利益的有力武器。

4. 城市规划是长期性和经常性的工作

城市规划既要解决当前建设问题，又要预计今后一定时期的发展并充分估计长远的发展要求；它既要有现实性，又要有预测性。但是，社会是不断发展变化的，影响城市发展的因素也在变化，在城市发展过程中会不断产生新情况，出现新问题，提出新要求。因此，作为城市建设指导的城市规划不可能是一成不变的，应当根据实际的发展和外界因素的变化，适时地加以调整或补充，不断地适应发展需要，使城市规划逐步趋于全面、正确反映城市发展的客观实际。所以城市规划是城市发展的动态规划，它是一项长期性和经常性的工作。

虽然规划要不断地调整和补充，但是每一时期的城市规划又是建立在当时的经济社会发展条件和生态环境承载力的基础上，经过调查研究而制定的，是一定时期指导建设的依据，所以城市规划一经批准，必须保持其相对的稳定性和严肃性，只有通过法定程序才能对其进行调整和修改，任何个人或社会利益集团都不能随意使之变更。

5. 城市规划具有实践性

城市规划的实践性，首先在于它的基本目的是为城市建设服务，规划方案要充分反映建设实践中的问题和要求，有很强的现实性。其次，按规划进行建设是实现规划的唯一途径，规划管理在城市规划工作中占有重要地位。规划实践的难度不仅在于要对各项建设在时空方面作出符合规划的安排，而且要积极地协调各项建设的要求和矛盾，组织协同建设，使之既符合城市规划总体意图，又能满足各项建设的合理要求。这就要求规划工作者不仅要有深厚的专业理论和政策修养，有丰富的社会科学和自然科学知识，还必须有较好的心理素质、社会实践经验和积极主动的工作态度。当然，任何一个规划方案对实施过程中问题的预计和解决都不可能十分周全，也不可能一成不变。这就需要在实践中不断地进行丰富、补充和完善。城市建设实践是检验规划是否符合客观要求的唯一标准。

与规划性的工作相比，城市建设的特点是：城市形成和城市建设过程是同时进行的，城市建设是阶段性和连续性的统一，城市建设的系统性和城市建设的地区性的统一。

城市建设可以理解为城市设计和大量建筑两个过程。其作用可以分为以下两点：

（1）改变土地利用功能

① 城市扩建。城市建筑占用近郊农田，近郊农田变为城市用地、远郊变成近郊。农田变工商用地，土地生产率提高了。

② 城市改建。在城市中成片使用土地难，投资大。改建中要尽可能利用原有管线和基础设施。城市改建方式包括全部拆迁重建、部分拆迁重建、改善基础设施等。

（2）改变形体环境

城市建设改善形体环境化，提高土地利用率，受到土地（Land）、环境（Environment）、社区（Community）（老、新）改变、服务（Services）改善等因素的限制。从本质上说，城市建设使土地利用更紧凑，利用形式多样化和混合化，在经济上提供一个更合理的土地利用模式，提高城市的综合效率。

1.1.3 城市规划与建设的要素构成

城市规划与建设是一项有组织、有目的的社会活动。城市结构复杂，规划与建设所涉及的领域繁多，既有自然环境形成的城市居住特点、经济因素形成的经济结构，还有不同社会阶层组成的社会结构，以及城市规划工作的管理人员等。

1. 城市自然因素与资源环境

城市中的自然因素包括土地、水、植被、空气与气候状况、地形地貌特点等自然环境的基本因素。与一般地区不同的是，这些因素经过人工的大力修建和改造，已经失去了其原始的自然风貌，而变成为一种特殊的人文景观，它们比其本身更具有经济和社会价值，针对不同地区的城市，这些自然因素的特征就成为城市发展的背景条件和自然基础。尤其是20世纪以来，工业化和城市化速度的加快，大批城市和城市群涌现出来。这种大规模的城市扩张，使地域面积小、自然资源有限的城市出现了城市自然资源紧缺、生态系统严重失调，环境污染严重，人居环境极度恶化等一系列问题。因此，城市中的自然因素就成为城市发展与城市建设管理的重要内容。

2. 城市经济因素

城市人口的高度集中意味着各项服务设施的密集和经济活动的频繁与集中。因而，城市经济活动的集中与分化非常明显。这里的经济活动不但反映了区域经济中集聚和扩散的空间演变规律及其各项内容，而且还形成了房地产与住房、城市交通、各种服务业等第三产业这些特定的经济领域。因此，城市的经济及其活动内容主要包括：城市总量经济的平衡、部门结构与产业结构、经济要素的空间分布、城市劳动力供给与就业、城市住房与房地产业、公共服务业、其他第三产业、城市交通经济等。

3. 城市社会因素

城市人口的高度集中，使其分化出不同的阶层、组织，从而产生出不同的生活方式、文化习俗等社会群体，以及由此而产生的城市问题，它们构成了城市社会的主要内容。

4. 管理人员

任何管理都与管理人员密切相关。管理的水平与成败在很大程度上取决于管理人员的素质及其努力程度。管理人员是组织管理活动的执行者和组织者。城市规划管理人员在规划管理部门中扮演的角色和所起的作用是多方面的。不同层次的管理人员扮演不同的角色，起着不同的作用。就基层规划管理人员所扮演的角色和所起的作用而言，①在人际关系方面，他是"官方代表"，又是联络员，联系内外、上下、横向之间的关系。②在信息沟通方面，他扮演信息传播的角色，发挥上情下达、下情上传的作用。③在决策方面，他既扮演矛盾处理者的角色，发挥组织、协调作用，又扮演谈判者的角色，发挥影响和指导作用，还在某种程度上参与决策，发挥参谋作用。

1.2 城市地理信息概述

城市地理信息是指与所研究对象的城市空间地理分布有关的信息，是有关城市地理实体的性质、特征和运动状态表征的一切有用的知识，它表示地表物体及环境所固有的数量、质量、分布特征、联系和规律。地理信息是对表达地理现象的地理数据的解释，地理现象可以从不同侧面进行描述，形成不同类型的地理数据，通常分为几何数据、属性数据和时间数据，分别描述地理现象的空间位置、属性特征及时间特征三个侧面。

（1）几何数据描述地理现象的空间位置、空间形态、空间关系等方面。地理信息总是与其地理位置联系在一起的，因此具有空间定位性。

（2）属性数据有时又称非空间数据，是描述地理现象专题性质的定性或定量数据。地理信息总是反映一定的专题内容，具有专题性。

（3）时间特征是指地理数据采集或地理现象发生的时刻、时段，以及地理现象的动态变化。时间对环境模拟分析十分重要。地理信息的时间特征要求及时采集和更新地理信息，并分析地理现象随时间的分布和变化规律，进而对未来做出预测。

空间位置、属性和时间是地理信息的三大要素。从城市地理实体到城市地理数据，再到城市地理信息的发展，反映了人类认识的巨大飞跃。城市地理信息属于空间信息，其位置的识别是与数据联系在一起的，它具有区域性。城市地理信息以复杂的城市社会、经济、历史、文化等的空间表达为主要研究对象，因而需要引入更为宽广和更为深入的系统分析观点，即将研究城市信息范围分为宏观、中观、微观三个层次。

(1) 宏观层次可将城市看成是区域空间的一个点、增长中心或核心。

(2) 中观层次对应于城市市域、城市本身、城市中的区，将城市本身看成一个面。

(3) 微观层次对应于街区、规划小区，将城市看成一种立体空间。

城市地理信息按其空间分布特征，可分为离散分布的城市地理信息（在空间分布上具有离散性质的地理实体信息，如居民点、商业网点等）和连续分布的城市地理信息（在空间分布上具有连续性质的地理实体信息，如地面高程、空气指数等）。

城市地理信息又具有多维结构的特征，即在同一位置上具有多个专题和属性的信息结构。例如在城市繁忙的街道某一地面点位上，可以取得这一点的高程、地耐力、噪声、污染、交通等多种信息。而且，城市地理信息有明显的时序特征，即动态变化特征。这就要求及时采集和更新它们，并根据多时相的数据和信息来寻找随时间的分布规律，进而对未来作出预测或预报。

城市地理信息可分为两类：基础地理信息和专题地理信息，前者包括各种平面和高程控制点、建筑物、道路、水系、境界、地形、植被、地名及某些属性信息等，用于表示城市基本面貌并作为各种专题信息空间位的载体；后者是指各种专题性城市地理信息，包括城市规划、土地利用、交通、综合管网、房地产、地籍、环境等，用于表示城市某一专业领域要素的空间分布及规律。

1.2.1 城市地理信息的基本特征

城市是一个超大型的、复杂的人文与自然的复合系统，是人口、资源、环境和社会经济要素高度密集的、以获得综合集聚效益为目的的地理综合体。这就决定了城市是最复杂、最活跃、人地交流强度最高的地球组成部分。因此，城市地理信息是数字城市最重要的应用方向，也是建立数字城市的最关键部分。城市地理信息具有一些特征，这些基本特征对城市地理信息分析有着重要意义。

1. 数据量大

城市地理信息既有空间特征，又有属性特征，在时态地理信息系统（GIS）中还有不同时间的版本，因此其数据量很大。一张精度适当的地图，其数据量超过百万字的书籍，相当于一张光盘的容量。城市地理信息系统中需要管理的地图数据，少则几十幅图，多则达上千万张，数据量是非常庞大的。例如，NASA 的 EOS 计划中，其城市地理信息系统处理的数据量预期将达到百万 GB（Arge，1996）。尤其是随着全球对地观测计划的不断发展，每天都可以获得上万亿兆的地球资源、环境特征数据。这必然对数据分析带来极大的压力，需要进行概括处理。

2. 数据分布不均匀

城市地理现象在空间分布上是不均匀的，有的区域分布密集，有的区域分布稀疏。因此地理信息系统中描述地理现象的空间数据也是不均匀分布的，局部数据相当密集，描述密集分布的地理现象；而另外区域的数据却相对稀疏，描述稀疏分布的地理现象。例如综合性大都市，数据的结构相当复杂，所涉及的内容相当广泛；而一些中小城市，数据的结构相对比较简单，涉及的内容无法与大都市相比较。

3. 拓扑关系复杂

城市地理现象之间有复杂的空间关系，比如建筑物紧邻街道分布的相邻对象关系，公路穿越城市的关系，某城市在河流的左侧还是右侧，两条道路在城市汇聚的相交关系等。这些拓扑关系是城市空间查询和分析的重要依据，因此数据更新和概括处理中必须维护拓扑关系的一致性，避免拓扑关系的错误。

4. 多重属性结构

同一城市地理现象往往具有多方面的属性特征。例如，城市的属性包括面积、人口、工业产值等。在地理信息系统中总是有选择地表示其中一些属性。另外，多重属性结构也指不同城市地理现象占据同样的空间位置，即地理现象在空间分布上的重叠和部分重叠。

5. 多尺度特征

尺度是指地理数据集所表示的空间范围的相对大小和时间范围的相对长短。就城市空间尺度而言，常用的地理数据尺度有市域尺度、城区尺度、街区尺度等。就城市时间尺度而言，不同的城市地理现象有不同的城市划分，例如城市发展规划可分为远期规划和近期规划。同一城市地理信息中，可能需要表达多尺度的地理现象，例如由城市小区的具体研究转入整个城市的总体研究时，空间尺度由城市小区转变为整个城市等。

6. 数据来源多样化

目前，城市地理信息中的地理数据来源渠道有地图数字化、实测数据、试验数据、遥感与GPS数据、统计普查数据、理论推测与估计数据、历史记录数据等。对于多种来源的城市地理数据集成，必须进行必要的预处理。

7. 地图表现形象性

地图是城市信息可视化的一种重要工具，它通过图形的形状、方向、颜色、纹理、数量、大小、注记、图例、标尺、图饰等表现手法形象直观地反映城市地理信息。在地理信息系统环境下，地图又有了新的发展，漫游、开窗、缩略图、多媒体声音图像、模拟景观、虚拟城市等新的表现手法丰富了城市地图的内容。

1.2.2 城市地理信息的认知

城市地理信息既是研究和解决城市的人口、资源、环境、灾害等城市可持续发展的重大社会问题的重要信息，也是解决有关土地利用规划、城市发展、社区管理、灾害预报与处理等推动国民经济发展和提高人民生活质量的基本资料。城市空间数据将是政府进行城市建设、市容改造、绿化体系规划、整治等工作的重要助手。地图和影像地图是城市地理信息的重要组成部分，它以其信息量丰富、直观、获取信息快速、经济实用、数据现势性好、管理动态性好、应用广泛、内容详细等特点，成为城市空间数据框架中极为重要的信息来源。

作为城市客观的地理信息,它是城市地理客体之间相互运动及其能量转化的一种表现形式,所以通过对城市客观地理信息的分析研究,就可以弄清城市地理系统的特点和规律,即主观地理信息。主观地理信息是主观思维的产物,是人们对客观地理信息认识的结果。因此,只有对城市地理信息的充分认知,才可能借助于城市地理信息来研究城市地理系统;才可能对真实城市及其相关现象(社会经济特征)进行统一的数字化重现和认识,从而用数字化的手段来处理和分析整个城市方方面面的问题。

1. 客观性与抽象性的认知

地理信息的客观存在性指地理信息是地理客体的存在方式、运动状态和属性的反映。只有地理客体处于运动和能量转换过程中才会发出光、电、波、形、声、色、味等各种信息,而决不会无中生有,这是识别地理信息的客观依据。对于主观地理信息来说,如实反映地理客体存在特点的信息必须具有真实性;抽象性是指地理信息已经摆脱了地理客体本身,是地理客体的抽象化。作为客观地理信息,它已被表征为各种形式的信号(如形状、符号、数字、公式等)。由于各种抽象的信息又是地理客体的真实反映,因此可以通过这种抽象体来研究客观实体,这是可以通过信息流来研究物流、人流、能流的基本依据。又由于地理信息具有抽象性,因而可以随意对地理空间及其发展过程进行压缩,这使得广大城市区域乃至全球同步研究成为可能。

2. 时空统一性的认知

城市地理信息的时空特性是指:无论是城市的自然地理要素,还是经济地理要素、人文地理要素,都具有空间分布的差异和时间过程的不同,总体反映为物质世界的层次、等级和物质之间相互作用的网络结构特征。世界的变化呈现从无序到有序、从简单到复杂、从低级到高级的发展过程,因此地理信息也就必然具有时空特征。地理信息的空间特征是区别它与其他信息的根本标志,它的这种特性是按照特定地区的经纬网或公里网建立的地理坐标来实现空间位置的识别,并可以按照指定的区域进行信息的合并与分割。地理信息又是随时间而变化的,体现为地理系统发展的阶段性与周期性、顺序性与不可逆性。地理信息的这些特征,要求我们对地理信息的获取要及时、定期更新,要重视对城市自然、社会的历史过程的积累和对未来的预测和预报。另外,由于地理系统具有时空的统一性,时空可以相互转化,因此地理信息的时空特征又是相对的,应该可以实现相互之间的转化。地理信息的时空属性是指在时空四维基础上的多维专题信息结构,通过各种专题或实体的属性码实现专题与专题之间、实体与实体之间的联系。这种属性特征为客观世界的层次分析、信息传输与信息分类提供了方便。

3. 可存储性与可传输性的认知

地理信息的可存储性与可传输性是指借助于一定的载体可以对地理信息进行记录并借助一定动力进行传输。换句话说,地理信息的存储借助了计算机数据库作为自己存储的载体,又以通信技术等工具作为自己的传输动力。可存储性与可传输性是地理信息在功能上的普遍特点,任何地理客体都可以通过辐射或反射形式发出具有自身特征的频率、波长或周期的信息,并经一定距离的传输,又可为另一些物体所接收、存储。客观地理信息的传输速度(v)是与波长(λ)、频率(f)成正比($v=\lambda f$)。其中光的传递速度最快($v=3\times10^8 m/s$),故信息的传输比任何物质的传输都来得灵敏、迅速。从信息发射、传输和存储功能的全过程看,发出信息的物体就称为信源,接收、存储信息的物体就称为信宿，而从信源到信宿之间的传输过程就称为信道。从系统论的观点来看，信源、信道和信宿组成了一个相对独立的信息系统。

4. 可度量性与近似性的认知

信息具有客观存在性，那么信息就应具有数量概念，并且是可以度量的。由于信息在传递过程中，总要受到不同程度的干扰，因此，从信源发射信息，到信宿所接收的信息，这两者之间信息量总要受到一定的损失。信息论的创始人申农和维纳提出的平均信息量公式，就是用概率来表示信宿接收信息的一种可能性大小的计算方法：

$$H_{(x)} = -\sum_{i=1}^{n} p_i \log p_i$$

式中：$H_{(x)}$ 为信源熵；p_i 是大于 0 小于 1 的概率值；负号表示为负熵。信息量的大小取决于事件的不肯定度，而不肯定度又是随机产生的。当事件发生的概率大，事先容易猜到，其不肯定度小，相应的信息量也小；当事件发生的概率小，事前难以预料，其不肯定度大，相应的信息量也大。从信息是系统中有序度的度量意义出发，其单位是负熵。信息量越大，其负熵越大。地理信息的量是组成地理客体的各种物质，是质量、能量及其空间分布、时间动态等特征参数的总和。地理系统不是孤立存在的，它要与外界环境交换信息，因此其信息的绝对量就难以精确地度量。从认识论的观点来看，人们对客观世界的认识总是存在阶段性，即在特定的历史发展阶段中，人们对地理客体的认识是有限的。因此人们某一阶段的有限认识当然无法精确地描述复杂的地理实体。总之，地理信息是可以度量、可以认识的，但只能是近似的。

5. 可转换性与可扩充性的认知

地理信息的可转换性不仅表现在从客观地理信息转化为主观地理信息，也表现在客观信息的产生过程，即物质的运动产生能量，而能量的转换产生信息。从地理客体发射的包括形状、波形、图形等客观信息，可转换为诸如语言、文字、图像、图表、数字等形式的符号——主观地理信息；又可把上述符号转化为计算机的代码、数字及广播、电视符号，而代码、数字、信号还可以转换为语言、文字、图像等多媒体信息。当然，上述各种转换需要通过标准化过程才能被识别。地理信息的可扩充性是指主观地理信息在反映地理客体本质属性的思维过程中有一个不断深化、不断扩充的过程。例如在规划城市商业网点时，按通常概念，商业网点分布的疏密程度与人口分布的密度有关。通过进一步分析和研究发现，商业网点分布的疏密程度还与道路的通达情况、商业的性质有关。再进一步分析和研究还可以发现，商业网点分布的疏密程度与居住在不同城区居民的文化程度、居民的生活习惯、民族分布等诸多方面因素有关。这是在不断深化认识中得到的对地理信息的进一步扩充。任何客观信息都可以随着人们认识水平的提高而得到不断的扩充。

1.2.3 城市地理信息的地位和作用

城市地理信息涉及软件和硬件、城市地理时空数据以及遥感、全球定位系统一体化基础上的系统集成、应用服务、企业和市场等诸多方面内容。社会经济建设、日常生活活动等所涉及的信息，80%以上与城市地理信息密切相关。作为面向 21 世纪的支柱性产业——信息产业的重要组成部分，城市地理信息产业是关系到国民经济增长、社会发展和国家安全的战略性产业。它不仅为国家创造直接经济效益，而且是其他众多产业的推动力，对众多经济领域具有辐射作用，能在国民经济的发展中起到"倍增器"的效果，其渗透作用已深刻影响到国民经济的各个方面。因此，城市地理信息产业的发展，越来越受到各部门和地方政府以及社会各界的重视。城市地理信息还是将进入普通百姓家庭的产业。随着网络的发展，人们已经开始进行网上购物和各种地理信息查询等工作。今后，随着信息种类和数量的需求增加，城市网络地理信息系统必将有一个广阔的市场。地理信息系统与全球定位系统的结合，将为家庭交通工具提供导航服务。可以预测，电子专题数据将逐步取代纸张制品的地位，成为家庭信息查询的主要载体。这些都是地理信息将进入家庭的生动实例。城市地理信息有着如此巨大的市场，又与国民经济的各个方面有着密切的关系，因此，城市地理信息将在当代科学的发展和社会的进步中占据重要的地位。

城市地理信息的作用主要表现在以下几个方面：

（1）可以把城市地理空间及其过程进行压缩—地理信息的抽象性加上技术工具的先进性，将使人们可以实现中国古人所热切期待的"天涯若比邻，瞬间即相见"的数字城市，大大开阔人们的空间视野。从时间上说，既可以重现过去的城市，又可以通过虚拟城市预测未来的城市发展。

（2）实现信息采集、传输、预测预报和决策一体化。地理信息的客观真实性、技术的先进性及信息的科学综合有机整合，不仅将使城市地理信息采集、传输、加工、分析、决策实现一体化，而且将缩短决策反馈周期，为验证城市规划管理和建设的理论的正确性，方法与实践的可行性提供了一条捷径，因为这一完整过程都可以通过虚拟城市来实现。

（3）真正实现宏观与微观、定性与定量的结合。由于城市地理信息具有空间性和属性特征，因此对它的研究完全是建立在定量和定性相结合的基础上的，使解决当前困扰城市发展诸多方面的问题（如环境问题、交通问题等）成为可能。

1.3 城市规划与信息技术

1.3.1 城市规划与建设的技术需求

随着城市化进程的加快，在城市规划与建设领域，传统的规划和管理手段已不能适应城市飞速发展的需要。城市的发展，必然带来诸如水资源缺乏、用地紧张、交通拥挤、能源不足、环境污染等一系列棘手的城市问题，这给城市建设管理和规划提出了更新、更高的要求。而多年来城市建设管理和规划工作所面临的一个难题，是现状信息的收集、分析、整理工作相当复杂而烦琐，特别是多方案论证、城市信息的快速更新和城市突发事件的快速处理等问题难以及时得到解决。就整体而言，城市规划与建设主要处理城市发展过程中的空间关系，而在信息技术中75%的数据具有某种形式的空间信息。为适应现代城市发展的客观需求，在城市建设管理和规划中必须寻求新技术、新方法的应用。信息技术的应用使城市建设管理和规划走上了自动化、定量化、科学化和信息共享的道路。信息技术对城市规划和建设管理最突出最直接的影响是空间数据基础设施的建设，这主要是指为获取、处理、存储、分发和提高使用城市地理空间数据所必须的技术、政策、标准和人力资源。以城市综合环境预测来确定未来城市规模、性质和区域功能；以投资环境的综合分析评价来确定城市建设项目的布局和科学论证，寻求最佳投资方案；以城市社会与经济问题的系统分析和城市基础设施优化来解决城市规划和建设管理的具体矛盾问题。信息技术作为城市信息处理和分析的工具，正逐步成为现代城市规划和建设管理的新技术手段。因此，信息技术的产生和发展，无论从城市规划与建设的理论上还是应用上而言，都具有重大的科学意义和社会经济效益，并能使城市规划、建设和管理更加适应城市化发展的新需求。

1.3.2 信息技术在城市规划与建设中的应用

城市规划以复杂的城市社会、经济、历史、文化的空间表达为主要的研究对象，因而需要引入更为宽广和更为深入的系统分析观点。信息技术在城市规划中的主要作用是辅助规划师自动完成城市总体规划、详细规划的全部过程和辅助决策。其主要表现在以下方面：

1. 优化分析模型

城市规划的优化分析涉及社会、经济、环境方面的许多因素，确定这些因素综合影响下的最优用地方案或最优发展目标，要求系统具有多因素、多模型综合分析能力。这类分析可用于城市功能区的划分、选址、规划方案的评价、土地评价、环境质量评价等方面。

2. 比较分析模型

主要目的是反映城市的空间发展与变化特征，即同一地区、不同时间的城市土地利用栅格层，经比较分析后不但要反映变化数量，而且要反映变化的空间位置和分布。规划者与管理者可从数量和空间位置两方面了解城市发展的趋势。城市的社会、经济发展状况可按空间分析相同时的数据同步分析，从而全面反映城市发展水平。

3. 聚类与统计模型

聚类分析主要进行栅格数据的再分类和多层栅格叠置结果的再分析等操作。统计模型包括单因素不同状况的统计、多因素交叉统计、频率统计等简单运算和统计学涉及的多种统计与检验模型。

4. 预测模型

预测模型根据城市发展趋势估算若干年后的人口、用地、经济发展规模。就人口预测而言，采用了自然增长、劳动平衡等常规数字模型等。经济预测方面选择了多元回归、计算经济学、指数平滑、线性规划、投入产出中的部门联系平衡等预测模型。用地规模预测主要根据人口预测和经济预测的结果，适当考虑人们的生活习惯和环境要求预测用地数量。

信息技术在总体规划、分区规划层次上同城市规划的整合，重点体现在地理信息系统与遥感技术的结合。目前开展的新一轮的城市总体规划中，除了利用航空遥感技术之外，还利用卫星遥感资料进行城市环境综合评价、土地利用监测等；利用 AutoCAD 技术辅助绘图；利用 GIS 技术进行叠加分析、缓冲区分析、门槛分析、专题图制作，并建立总体规划数据库；结合办公自动化技术，实现城市总体规划实施的辅助管理，并向辅助决策支持系统发展。城市规划与信息技术在微观层次上的整合，就是利用 GIS、AutoCAD、OA 等技术，实现详细规划的辅助设计与规划管理办公自动化。

1.3.3 城市规划与城市地理信息技术的结合

就整体而言，城市地理信息是指与所研究对象的城市空间地理分布有关的信息，是有关城市地理实体的性质、特征和运动状态表征的一切有用的知识。它表示地表物体及环境固有的数量、质量、分布特征、联系和规律。城市规划是一项综合性的工作，涉及的城市规划系统部门多、数据量大、图幅多、管理复杂。随着城市化进程的加速发展，传统的规划和管理手段已不能适应城市飞速发展的需要。城市地理信息系统的引入，为城市规划提供了新的手段，它有助于实现以城市的综合环境预测为根据确定城市的未来发展规模、性质和城市功能分区，以投资环境的综合分析和预测来确定城市建设项目的布局和投资规划，以对城市的经济和社会问题的系统分析为基础来确定城市基础设施的建设和优化。

利用现代的城市地理信息技术，可以保证基础数据详尽、可靠、准确，大大提高规划设计的科学性；地理信息软件可以方便快捷地生成各种规划用图、表格和报告，利用数据库管理数据，可以动态地更新、增补。随着卫星遥感技术的发展，卫星遥感图片的质量得到很大提高，信息量也大大增加。结合地理信息系统强大的空间分析功能，充分利用卫星遥感图片的空间信息，可以进一步促进城市规划工作的发展；利用地理信息系统的建模技术，可以存储海量的基础数据，实现信息的快速、动态查询与统计分析；可以对各种规划方案与成果进行定量分析、模拟及预测，促进规划决策的科学性，提高规划设计与管理工作的质量与效率。

1.4 城市规划与建设信息系统的主要内容

1.4.1 建设项目选址规划

建设项目选址，顾名思义，是选择和确定建设项目的地址。它是各项建设使用土地管理的前提，是城市规划实施对建设工程的引导、控制的第一道工序，是执行城市规划的关键所在，直接关系到城市的性质、规模、布局，是保障城市规划合理布局的关键。《城市规划法》第三十条规定："城市规划区内的建设工程的选址和布局必须符合城市规划。设计任务书报请批准时，必须附有城市规划行政主管部门的选址意见书。"

1. 建设项目选址意见书

建设项目选址意见书，是把建设项目的计划管理与规划管理有机地结合起来，保证城市的各项建设项目符合城市规划要求，使可行性研究报告编制得科学、合理，有利于促进城市健康发展，并取得良好的经济效益、社会效益和环境效益的法律凭证。建设项目可行性研究报告报批时，必须附有城市规划主管部门核发的建设项目选址意见书，否则就应当视为非法。

建设项目选址意见书，主要有三部分内容：

1) 建设项目的基本情况

主要是根据批准的建设项目建议书，了解该项目的名称、性质、用地和建设规模，对市政基础设施的供水、能源的需求量，所采取的运输方式与运输量，以及废水、废气、废渣的排放方式和排放量，以便掌握建设项目选址的要求。

2) 建设项目规划选址的主要依据
(1) 经批准的项目建议书。
(2) 建设项目与城市规划布局的协调。
(3) 建设项目与城市交通、通讯、能源、市政、防灾规划的衔接与协调。
(4) 建设项目配套的生活设施与城市生活居住及公共设施规划的衔接与协调。
(5) 建设项目对于城市环境可能造成的污染影响，以及与城市环境保护规划和风景名胜、文物古迹保护规划的协调。
(6) 建设项目选址、用地范围和具体规划要求。
3) 城市规划行政主管部门的意见

城市规划行政主管部门对建设项目选址提出的具体地址、用地范围和在此地进行建设时的具体规划要求，以及必要的调整意见等。

2. 建设项目选址规划管理的程序和目标要求

1) 选址申请

建设单位在编制建设项目设计任务书时，应向建设项目所在地县、市、直辖市人民政府城市规划行政主管部门提出建设项目选址申请。申请选址时，建设单位应向城市规划行政主管部门提交下列文件：①已经批准的项目建议书；②建设单位建设项目选址意见书申请报告；③该项目有关的基本情况和建设技术条件要求、环境影响评价报告等文件。

2) 参加选址

城市规划行政主管部门与计划部门、建设单位等有关部门一同进行建设项目的选址工作，包括现场踏勘，共同商讨，对不同的拟建地址进行比较分析，听取各有关部门、单位的意见。

3) 选址审查

城市规划行政主管部门经过调查研究、条件分析和多方案比较论证，根据城市规划要求对该拟建设项目选址进行审查，必要时应组织专家论证会进行慎重研究，重要的项目选址由城市政府和市长研究决定。

4) 核发选址意见书

城市规划行政主管部门经过选址审查后，核发选址意见书。对于特别复杂的建设项目，可委托城市规划设计院编制关于建设项目选址意见书的报告，然后城市规划行政主管部门根据报告核发选址意见书。

1.4.2 建设用地规划

城市土地是城市经济、社会和城市规划建设的载体和基本要素，城市土地利用是城市规划的核心内容。对城市建设用地的合理利用，是实施城市规划的基础。依法进行建设用地规划管理，就是要保证城市的土地利用严格按照城市规划的科学安排，充分利用，合理使用，做到珍惜用地、合理用地、节约用地。

建设用地规划管理是城市规划实施管理的核心，建设用地规划管理负责实施城市规划，按照城市规划确定建设工程使用土地的性质和开发强度，确定建设用地的范围、地点，综合提出土地使用规划要求，保证城市建设按照城市规划进行。《城市规划法》规定："在城市规划区内，未取得建设用地规划许可证而取得建设用地批准文件，占用土地的，批准文件无效，占用的土地由县级以上人民政府责令退回。"

1. 建设用地规划许可证

建设用地规划许可证，是建设单位或个人在向土地管理部门申请征用划拨土地前，经城市规划行政主管部门确认建设用地位置和范围符合城市规划要求的法律凭证。核发建设用地规划许可证的目的在于确保土地利用符合城市规划，维护建设单位或个人按照规划使用土地的合法权益，为土地管理部门在城市规划区范围内行使权属管理职能提供必要的法律依据。任何建设用地，如果没有城市规划行政主管部门核发的建设用地规划许可证，就依法视为违法用地。

建设用地规划许可证还应当包括标有建设用地具体界限的附图和明确具体规划要求的附件。附图和附件是建设用地规划许可证的配套证件，具有同等的法律效力。

2. 申请建设用地规划许可证的操作要求

1）申请建设用地规划许可证的范围

申请建设用地规划许可证的范围与申请建设用地项目选址意见书申请范围一致。

2）建设单位申请建设用地规划许可证应提交的资料和文件

(1) 填写《建设用地规划许可证申请表》。

(2) 附送得到规划行政主管部门承认或指定的规划设计单位绘制的 1/500 或 1/1000 的地形图，其中一份应详细标明用地范围或拆迁范围。

(3) 设计总平面图和建设工程设计方案。

(4) 属于迁建单位的，应详细填明原址地点和土地及房屋面积，并附送 1/500 或 1/1000 的地形图。

(5) 对于有偿出让或转让取得土地使用权的建设工程，需要附送土地有偿使用权出让或转让合同文本（复印件）及 1/500 或 1/1000 的地形图。

(6) 建设工程可行性研究报告批准文件。建设工程可行性研究报告也就是在项目建议书被计划行政主管部门审查批准以后，按照批准的项目建议书，根据国民经济和社会发展长远规划、行业规划的要求，对建设项目的工程、技术、经济和外部协作条件是否合理和可行，进行全面论证和综合分析，并进行多方案比较，认为该建设项目可行后，推荐出最佳方案。建设项目可行性研究报告是该建设项目能否正式立项的关键环节。

(7) 其他需要说明的图纸和文件等。

规划行政主管部门在受理申请后一定工作日内应审批完毕，符合城市规划的应发给建设用地规划许可证；经审核认为不符合城市规划的，应予以书面答复。

3. 建设用地规划批后管理

城市建设用地规划管理的批后监督、检查工作包括建设征用划拨土地的复核，用地情况监督检查和违章用地的检查处理等。

1）用地复核

在征用划拨土地的过程中对用地进行验证。

2）用地检查

建设用地单位在使用土地的过程中，城市规划行政主管部门根据规划要求应进行监督、检查工作，随时发现问题，解决问题，杜绝违章占地情况。

3）违章处理

凡是未领得建设用地许可证的建设用地，未领得临时建设用地许可证的临时用地，擅自变更核准的位置，扩大用地范围的建设用地和临时用地，擅自转让、交换、买卖、租赁或变相非法买卖租赁的建设用地和临时用地，改变使用性质和逾期不交回的临时用地等，都属于违章占地。城市规划行政主管部门发现违章占地行为，都要发出违章占地通知书，责令其停止使用土地，进行违章登记，并负责进行违章占地处理。违章占地处理包括没收土地、拆除地上地下设置物、罚款和行政处分等。

1.4.3 城市综合管线管理

城市综合管线是城市基础设施中的生命线工程，担负着信息传输、能源输送等工作，也是城市赖以生存和发展的物质基础，通常被称为城市的"生命线"。作为城市的重要基础设施，城市综合管线是现代化城市高效率、高质量运转的保证。尽快、全面、系统地管理好城市综合管线信息，是为合理地开发利用地下空间（如地下工程的规划、设计、施工及运行管理等）提供坚实的信息基础（图1.1）。

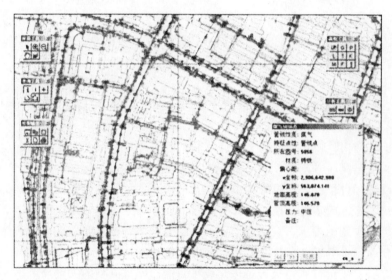

图1.1 城市综合管线

城市综合管线具有以下特点：

（1）城市综合管线具有明显的三维空间分布特征。广泛分布在地表之上和地下的城市综合管线设施具有沿城市道路带状分布的规律，不同行业的管线之间的空间分布具有水平净距和垂直净距等要求。

（2）城市综合管线具有明显的时间变换特征。城市建设的飞速发展，导致了城市各种管线经常处于动态变化之中，所以描述城市综合管线数据也必然是动态变化的，需要进行动态维护。

（3）城市综合管线数据类型多种多样。

（4）城市综合管线的主管部门是城市规划管理部门。由于各种管线分属各权属部门，即由各专业管线管理部门进行维护与使用，加上城市综合管线的数据采集、探查、测绘一一般由测绘勘探部门完成，因此城市综合管线的建设涉及部门很多，管理相对比较复杂。

当前我国的城市化水平逐年提高，城市的基础建设发展迅速，在城市区域内已初步形成大规模的、错综复杂的管网。近年来，各个城市的建设与变迁日新月异，各种类型的管道变更速度也在加快，大量的管网资料需要处理。但是传统的手工绘制图、靠维护员的记忆管理管网和人工统计、分析的手工管理方式效率低下，很难适应这种快速发展的海量数据管理要求，造成大量的资源浪费，阻碍了维护效率和服务水平的进一步提高。因此，必须采用计算机软件技术、硬件技术以及网络技术来改变这种落后的管理状况，使城市综合管线的管理步入规范化、自动化、科学化的轨道。

1.4.4　电子报批辅助规划和审批

随着国民经济的飞速发展，城市化进程的加速，全国各地均出现了建设项目数量剧增的情况，造成了规划审批部门的超负荷工作。另外，在市场经济环境下，开发商为追求最大经济利益，虚报经济指标的情况也普遍存在，给规划审批的核实带来较大难度。以手工量算为基础的传统审批方式在核查容积率、绿地率等重要控制指标的准确性和精度等方面很难满足要求，手工计算也很难保证审批工作的高效率及公开透明。规划审批部门极有必要采取新手段来解决这一问题。

电子报批是一种全新的规划审批模式，它将传统报批使用的纸介质转变为电子介质，并由此带来审批方式、设计方法及管理体制上的改变。它的具体做法是要求设计单位在报审规划项目时，改变原来提交图纸形式为提交计算机图形文件形式，同时要求计算机文件必须符合规定的技术规范标准，审批部门则使用审批软件对图形文件进行校核。

与传统的报批工作相比，电子报批具有以下的优点：

(1) 电子报批可以极大改善管理部门的日常事务。审批部门是规划局业务科室中日常工作量较大的部门，经济指标的核算是审批工作的一项主要任务，传统做法是手工量算，量大且烦琐，审批周期长，工作效率低。使用电子报批可利用计算机直接对图形文件中的图形要素进行计算处理，将极大提高审批效率，减轻业务人员的工作压力，大大缩短审批周期，有利于塑造规划部门良好的社会形象，社会效益巨大。

(2) 电子报批有利于低成本地建立规划图形库，促进规划图形库的完善。规划图形库的数据源来自设计单位，而现阶段设计人员虽然使用计算机制图，但由于制图习惯和表达方式不一，图形文件极不规范，不能直接作为规划图形库的数据源。电子报批要求设计单位在提交成果前就按照技术规范进行归整，审批时再次进行验证，以保证数据的可靠性，使审批通过的图形文件达到规划图形库的规范要求，通过入库模块可直接进入数据库。电子报批使图形建库的前期工作在设计单位完成，从而大大降低了建库成本。

(3) 电子报批保证了数据源的可靠度。电子报批要求提交的图形文件必须符合规定的精度、比例、制图规范和相应属性，并通过一套严密的指标计算体系保证了规划指标的准确度和规划图形信息数据源的可靠性。

(4) 电子报批有利于设计单位采取"规范化设计"的工作方式，提高设计成果的科学性和实用性。设计人员的设计成果往往偏重图面效果，对经济指标则采取模糊态度，甚至使用一些不规范的专业术语虚算指标，造成设计人员报批的数据与管理部门最终核算的数据不一致。电子报批要求设计单位对图形文件按照规范进行归整，并使用同一套指标计算体系，这样就保证了设计单位和审批部门使用术语和数据的一致性。规范化的要求促进了设计单位形成规范化设计的工作方式，通过"面向对象"的软件设计，建立标准规范库和符号库及图形设计模板，同时建立图形要素对象的属性库。这不仅降低了设计的工作强度，而且有效地提高了成果的科学性和实用性。

1.4.5 城市规划监察

城市规划监察是城市规划行政主管部门行使职权和规范城市建设行为的一项重要内容。城市规划监察的管理对象是城市规划区内的土地利用和各项工程建设。其责权范围是依据《城市规划法》和"建设用地规划许可证"、"建设工程规划许可证"，对在城市（不包括建制镇）规划区的规划建设用地范围内的如下行为进行监察：

（1）待建设区域内新建建筑物、构筑物和其他设施，未经建设工程规划许可擅自进行工程建设和不按照工程规划许可规定的内容进行工程建设的行为。

（2）已建成区域内（包括有法定区域管辖权的主体）擅自改变土地使用性质和工程项目性质及新建、改建、扩建的行为。

（3）占用城市道路、广场、绿地、高压供电走廊和压占地下管线等进行建设的行为。

（4）不服从规划调整和未经规划许可占用、毁损土地、进行工程建设的行为。

随着规划执法监察力度的不断加大，违法案件查处工作量较大，手工操作已不能满足形势发展的需要，迫切需要采用新的手段进行高效管理。随着计算机技术和GIS技术的不断发展，可结合城市规划的理论，用计算机技术和GIS技术辅助城市规划监察，对规划监察违法案件从受理、立案、调查取证、案件审理、送达执行到结案归档各个环节的信息进行统一分析处理，实现违法案件从受理、立案、调查取证、案件审理、送达执行到结案归档的全过程计算机化办案，从而大大提高城市规划监察的效率。

1.4.6 城市地籍管理

地籍是指国家为了一定的目的，记载土地的位置、界址、权属、数量、质量、地价和用途（地类）等基本状况的图册，是人们认识和运用土地的自然属性、社会属性和经济属性的产物，是组织社会生产的客观需要。

地籍管理是国家为取得有关地籍资料和为全面研究土地权属、自然和经济状况而采取的以地籍调查（测量）、土地登记、土地统计、土地评价和土地经济评价等为主要内容的国家措施。地籍管理历来是国家行政管理的措施之一，是地政的重要组成部分，是土地管理的基础性工作和立足之本。

地籍管理是我国土地管理工作的重要组成部分之一。长期以来，我国的地籍管理还停留在手工记录台账和纸质地图的保存上，不仅数据量十分巨大而且很不易保存、更新和查询。随着计算机技术的飞速发展和各级政府对地籍管理工作的日益重视，国土管理部门为了更加快捷、实时、高效和规范地进行地籍管理，为上级领导的决策提供准确、可靠、形象直观的地籍信息，使用计算机进行地籍管理，实现土地登记办公自动化，已成为进行现代化国土管理的必要手段，同时也是今后地籍管理的发展方向。

地籍管理信息系统是一种空间管理信息系统，其最终目标是以地理信息系统技术为核心，并运用计算机网络和可视化技术等，建立土地地籍管理信息库等，在此基础上对地籍信息的管理、查询和维护，提供一个良好的决策支持系统。

地籍管理信息系统一般包括以下内容：

(1) 地籍查询和管理模块。这是整个系统的最基本的模块，能够快速查询数据和图形，而且支持数据和图形的交互式查询，数据的输入、输出和数据的转换等基本功能。

(2) 变更管理。土地利用和管理并不是一成不变的，随时变化的现状、数据要求我们必须可以快速进行变更管理，快速用新数据替换旧数据，旧数据放入旧数据管理中，管理日志自动记载数据的处理过程。

(3) 土地利用和规划管理。系统中不同的数据可以分类存放，土地利用的数据、变更的数据、建设用地、农用地和未利用地等，可以为查询和规划提供信息依据，间接地辅助决策。

(4) 决策支持。地籍管理信息系统的主要应用就是帮助使用者或决策者进行辅助决策和决策支持。比如，查找一块某类型的建筑用地，在以前，可能要一本一本台账、一块一块图斑地找，而应用地籍管理信息系统，只需输入条件就可以很方便地找到相应的地区，迅速在地图中找到相应的位置，可以间接地为决策者提供信息支持。地籍管理信息系统还可以帮助设计最佳的决策方案等。

(5) 综合维护。系统的运行要有基本的维护功能，如备份、保存、恢复数据、清除数据、数据整理等。除了以上软件的维护外，还要有硬件方面的维护，如网络的运行管理、机器设备运行管理等。基本的维护会使系统的运行更加顺畅，发挥更大的作用。

1.5 本书的主要内容

本书全面、系统地论述了城市规划与建设地理信息系统的基本原理、应用方法、系统分析，数据库的建立与运行、发展前景，以及在城市规划与建设方面的许多应用实例。全书共分八章，内容包括：

第1章，绪论。从城市规划与建设的内涵入手，论述城市规划与建设的基本内容、基本特征、城市地理信息的地位、作用及研究意义。简单地介绍了城市地理信息在城市规划与建设中的技术需求和一些应用；随后简要介绍了城市规划与建设信息系统的主要内容。

第2章，城市规划与建设地理信息系统的基本理论。主要包括地理信息系统和城市地理学等基本理论。通过对这些基本理论的介绍，说明了城市地理信息系统是多学科交叉的集中体现。本章还介绍了城市地理信息系统空间定位、城市地理信息的分类与编码、城市地理信息系统的数据组成、特点及其城市空间数据结构特征等与城市地理信息系统有关的一些理论和概念。

第3章，城市规划与建设地理信息系统分析。在前两章的基础上，从研究城市规划与建设地理信息系统的技术与方法的角度出发，介绍了城市规划与建设地理信息系统的目标分析、数据分析、业务功能需求分析、支持平台分析，以及需求分析阶段的任务和方法。随后介绍了城市规划领域建立信息系统、进行系统分析的主要内容。

第4章，城市规划与建设空间数据库的设计。论述空间数据库设计的特点，结合城市规划与建设的实际，介绍了城市基础地理数据库、城市基础地质数据库、城市规划成果数据库、城市规划管理数据库等的设计特点和建库过程，为后面的系统开发设计打好基础。

第5章，城市规划与建设地理信息系统的开发。本章从城市规划与建设地理信息系统的软件工程入手，论述系统的开发原则与任务，系统的框架和建设步骤，系统软硬件的集成和测试方法，同时介绍建设项目的规划方案、组织结构及实施管理。

第6章，城市规划与建设地理信息系统的运行与维护。介绍了数据库系统维护的特点和注意事项，着重阐述了数据更新的方法和维护机制，以及系统运行管理的相关工作人员的培训。

第7章，城市规划与建设地理信息系统的应用。本章在上述理论、技术与方法的指导下，全面详细地介绍了地理信息系统中城市规划与建设领域的几个应用实例。主要包括：

（1）城市空间基础地理信息系统。介绍了城市空间基础信息系统的开发、设计、建设步骤及相应的实施管理。

（2）城市规划管理信息系统。通过分析地理信息系统中城市规划管理方面的应用，进行相应的功能设计，提高规划业务的工作效率。

（3）城市地下管线信息系统。分析城市地下管线的特点、功能、数据结构等，总结出地下管线信息系统的综合应用功能，并结合实际，介绍了系统的管理问题。

第8章，城市规划与建设地理信息系统发展前景。介绍了数字城市、城市三维地理信息系统、电子政务等。

主要参考文献

1. 曹桂发，陈述彭，林炳耀，傅肃性．城市规划与管理信息系统．北京：测绘出版社，1991
2. 陈田．我国城市经济影响区域系统的初步分析．地理学报，1987，42（4）：308～318
3. 陈述彭，鲁学军，周成虎．地理信息系统导论．北京：科学出版社，1999
4. 宋小冬，叶嘉安．地理信息系统及其在城市规划与管理中的应用．北京：科学出版社，1995
5. 修文群，池天河．城市地理信息系统．北京希望电脑公司，1999
6. 阎正．城市地理信息系统标准化指南．北京：科学出版社，1998
7. 阎国年，吴平生，周晓波．地理信息科学导论．北京：中国科学技术出版社，2000
8. 曹学坤．世界若干大城市社会经济发展研究—兼与我国某些城市对比．北京：北京科学技术出版社，1993
9. 陈燕申等．城市地理信息系统的系统分析与系统设计．北京：地质出版社，1999
10. 同济大学主编．城市规划原理（第二版）．北京：中国建筑工业出版社，1991
11. 姚永玲，Hal G. Reld（美）编著．GIS在城市管理中的应用．北京：中国人民大学出版社，2005
12. 张毅中，周晟，缪瀚深等．城市规划管理信息系统．北京：科学出版社，2003
13. 陈燕申．我国城市规划领域中计算机应用的历史回归与发展．城市规划，1995，19（3）
14. 丁建伟等．广州珠江新城土地开发信息系统研究．城市规划，1995，19（2）
15. 林炳耀．论我国城市和区域信息系统的开发和建设．经济地理，1991，11（3）

16. 何建邦，蒋景瞳. 我国 GIS 事业的回顾和当前发展的若干问题. 地理学报，1995，50（增刊），13~22
17. 董振宁. GIS 应用新趋势. 国家地理信息网，2000
18. 马彦琳，刘建平. 现代城市管理学. 北京：科学出版社，2003

第 2 章 城市规划与建设地理信息系统的基本理论

2.1 地理信息系统概述

地理信息系统（GIS，Geographic Information System）是一种以采集、存储、管理、分析和描述整个地球表面与地理分布有关数据的空间信息系统，它可以在基于计算机技术的基础上对地球上存在的事物和发生的事件进行成图和分析。GIS 技术把地图这种独特的视觉化效果和地理分析功能与一般的数据库操作（例如查询和统计分析等）集成在一起。这种能力使 GIS 与其他信息系统相区别，从而使其在公众和个人以及企业单位在解释事件、预测结果、规划战略等工作中具有广泛的实用价值。

2.1.1 地理信息系统的构成

一个实用的地理信息系统，要支持对空间数据的采集、管理、处理、分析、建模和显示等功能，其基础组成一般包括以下五个主要部分：硬件环境、软件环境、数据、人员和方法。

1. 硬件环境

GIS 的硬件系统用以存储、处理、传输和显示地理信息或空间数据。计算机与一些外部设备及网络设备的连接构成了 GIS 的硬件环境。计算机是 GIS 的主机，它是硬件部分的核心，包括从主机服务器到桌面工作站，用做数据的处理、管理与计算。

2. 软件环境

GIS 软件提供所需的存储、分析和显示地理信息的功能和工具。主要的软件部件有：输入和处理地理信息的工具，数据库管理系统（DBMS），支持地理查询、分析和视觉化的工具，空间分析和图形用户界面（GUI）。

3. 数据

GIS 系统中最重要的部件就是数据。地理数据和相关的表格数据可以自己采集或从商业数据提供商处购买。GIS 将把空间数据和其他数据源的数据集成在一起，而且可以使用那些被大多数政府和企事业单位用来组织和保存数据的数据库管理系统，来管理空间数据。

4. 人员

如果没有人来管理系统和制定计划并应用于实际问题，GIS 技术将没有什么价值。GIS 的用户范围包括从设计和维护系统的技术专家，到那些使用该系统并完成他们每天工作的人员。

5. 方法

成功的 GIS 系统，具有好的设计计划和自己的事务规律，这些是规范化的，而对每一个政府或企事业单位来说，具体的操作实践又是独特的。

2.1.2 地理信息系统的主要特征和功能

地理信息系统与其他信息系统的主要区别在于：其存储和处理的信息是经过地理编码的，而地理位置及与该位置有关的地理属性信息成为信息检索的重要部分。在地理信息系统中，现实世界被表达成一系列数字形式的地理要素和地理现象，这些地理特征至少由空间定位信息和非定位信息两个部分组成。GIS 就是用来存储有关世界的信息，这些信息是可以通过地理关系连接在一起的所有主题层的集合。这个简单却非常有力和通用的概念，对于解决许多真实世界的问题具有巨大的作用。这些问题包括：跟踪传输工具、记录计划的详细资料，模拟全球的大气循环等。

1. 地理参考系统

地理信息包含有明确的地理参照系统，例如经度坐标和纬度坐标，或者是国家网格坐标。也可以包含间接的地理参照系统，例如地址、邮政编码、人口普查区名、森林位置识别、路名等。一种叫做地理编码的自动处理系统用来从间接的参照系统（如地址描述）转变成明确的地理参照系统（如多重定位）。这些地理参考系统可以使你定位一些特征，例如商业活动、森林位置，也可以定位一些事件，例如地震分析等。

2. 矢量和栅格模式

地理信息系统工作于两种不同的基本地理模式——矢量模式和栅格模式（如图 2.1 所示）。

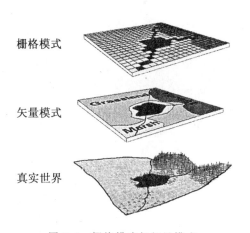

图 2.1 栅格模式与矢量模式

在矢量模式中，关于点、线和多边形的信息被编码并以 x、y 坐标形式储存。一个点特征的定位，例如一个钻孔，可以被一个单一的 x、y 坐标所描述。线特征，例如公路和河流，可以被存储于一系列的点坐标。多边形特征，例如销售地域或河流聚集区域，可以被存储于一个闭合循环的坐标系。矢量模式非常有利于描述一些离散特征，但对连续变化的特征，例如土壤类型等，就用处不大。栅格模式是连续特征的模式，栅格图像包含有网格单元,有点像扫描的地图或图像照片等。

不管是矢量模式还是栅格模式,用来存储地理数据,都有其优点和缺陷。现代的 GIS 都可以处理这两种模式。

3. GIS 的功能

一般来说,GIS 有以下五个过程或功能:

1) 输入

在地理数据用于 GIS 之前,数据必须转换成适当的数据格式。从图纸数据转换成计算机文件的过程叫做数字化。对于大型的项目,现代 GIS 技术可以通过扫描技术来使这个过程全部自动化;对于较小的项目,需要手工数字化(使用数字化桌)。目前,许多地理数据已经是 GIS 兼容的数据格式。这些数据可以从数据提供商那里获得并直接装入 GIS 中。

2) 处理

对于一个特殊的 GIS 项目来说,有可能需要将数据转换或处理成某种形式以适应这个系统。例如,地理信息适用于不同的比例尺(街道中心线文件的比例尺是 1:100 000;人口边界是 1:50 000;邮政编码是 1:10 000)。在这些信息被集成以前,必须转变成同一比例尺。这可以是为了显示的目的而做的临时变换,也可以是为了分析所做的永久变换。GIS 技术提供了许多工具来处理空间数据和去除不必要的数据。

3) 管理

对于小的 GIS 项目,把地理信息存储成简单的文件就足够了。但是,当数据量很大而且数据用户数很多时,最好使用一个数据库管理系统(DBMS),来帮助存储、组织和管理数据。一个数据库管理系统 DBMS 就是用来管理一个数据库(一个数据的完整收集的计算机软件系统)。有许多不同的 DBMS 设计,但在 GIS 中,关系数据库管理系统的设计是最有用的。在关系数据库系统设计中,概念上的数据都被存储成一系列的表格。不同表格中的共同字段可以把它们连接起来。

4) 查询和分析

一旦拥有一个包含专门的地理信息的多功能的 GIS 系统,就可能开始提出像下面这样的一些简单问题:这个角落上的这块土地属于谁?两个地方之间的距离是多少?工业用地的边界在哪里?有关分析的问题可能是:适合于盖新房子的所有地点在哪里?如果要在这里建一条高速公路,它将如何影响交通?

GIS 提供简单的鼠标点击查询功能和复杂的分析工具,为管理者和类似的分析家提供及时的信息。当分析地理数据用于寻找模式和趋势,或提出"如果……怎么样"的设想时,GIS 技术实际上正在被使用。现代的 GIS 具有许多有力的分析工具,但是有两个是特别重要的:

(1) 缓冲分析。在这片水域周围 100m 范围内有多少房子?这家商店附近 10km 范围内共有多少消费者等?为了回答这些问题,GIS 技术使用缓冲的处理方法,来确定特征间的接近关系。

(2) 叠置分析。不同数据层的综合方法叫做叠置(如图 2.2 所示)。简单地说,它可以是一个可视化操作,但是分析操作需要一个或多个物理连接起来的数据层。叠置或空间连接可以将同一地区、统一比例尺的行政区划图数据与土地利用、斜坡、植被或土地所有者等集成在一起，获得新的综合分析图。

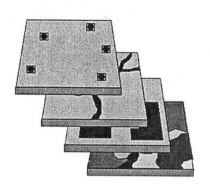

图 2.2　叠置分析

5）可视化

对于许多类型的地理操作，最终结果最好是以地图或图形来显示。图形对于存储和传递地理信息是非常有效的。制图者已经生产了上千年的地图，GIS 为扩展这种制图艺术和科学提供了崭新的和激动人心的工具。地图显示可以集成在报告、三维观察、照片图像和例如多媒体的其他输出中。

2.1.3　地理信息系统的发展前景

近年来，地理信息系统技术发展迅速，其主要的原动力来自日益广泛的应用领域对地理信息系统不断提高的要求；另外，科学计算、海量数据、大规模存储、宽带网络、系统互操作、数据共享、卫星影像处理、虚拟现实等新理论和高技术，包括神经网络、数据挖掘与知识发现理论、智能体理论、遗传算法元胞自动机理论在内的许多具有智能推理机制和时空计算特征的模型方法被引入了地理信息处理的研究中，促使传统的地理信息系统向基于网络化、智能化、时空模型一体化、多维动态等方向发展。

1. 交互式、分布式 WebGIS

地学数据类型复杂，格式繁多，由不同机构根据不同来源的数据所建立的分布式地学数据库，无论在数据类型还是在数据库结构方面都存在着极大的差异，无法实现数据资源的共享与应用。因此如何整合这些多源异构数据，实现地学数据的集成与融合，一直是地学界关注的主要问题。

分布式地理信息系统就是利用最先进的分布式计算技术来处理分布在网络上的异构多源的地理信息，集成网络上不同平台上的空间服务，构建一个物理上分布，逻辑上统一的地理信息系统。它与传统的地理信息系统最大的区别在于，它不是按照系统的应用类别、运行环境来划分的，而是按照系统中的数据分布特征和针对其中数据处理的计算特征而分类的。

作为分布式地理信息系统的一种重要表现形式，WebGIS 无论是在理论研究，还是在应用方面都还处于发展阶段。当前国际、国内都十分注重分布式 WebGIS 的发展，把它作为 InternetGIS 发展的新一轮的热点，互联网已经成为 GIS 的新的操作平台。WebGIS

应是一个交互式的、分布式的、动态的地理信息系统。

2. 智能 GIS 与空间数据挖掘

现有的商用 GIS 系统一般具有强大的空间数据管理、制图、查询和空间分析功能，但缺乏或根本没有对知识的表达、获取和应用的方法和机制，知识的获取依然是一个瓶颈问题。

由于地学问题的复杂性，无法用确切的模型进行模拟和预测，只能根据一些规则或知识进行推理，而这些是 GIS 现有技术无法直接实现的。分析功能的不足，一直是制约 GIS 广泛应用的"瓶颈"。在辅助空间决策方面，地理信息系统为决策支持提供了强大的数据输入、存储、检索、显示的工具，但是在分析、模拟和推理方面的功能比较弱。它本质上是一个数据丰富但理论贫乏的系统，在解决复杂空间决策问题上缺乏智能推理功能，而空间数据挖掘技术可解决这个问题。所以，为了解决复杂的空间决策问题，需要在地理信息系统的基础上开发空间数据挖掘系统。

如果在 GIS 系统中引入了空间数据挖掘与知识发现机制，就有可能自动或半自动地从大量的空间数据中发现一些隐含的特定知识或普遍知识，解决 GIS 的知识获取、表现、推理等知识工程技术问题，从而解决 GIS 的智能化问题和空间决策支持问题。

3. GIS、RS、GPS 的一体化

RS（Remote Sensing：遥感）就是利用运载工具，携带各种遥感仪器，从远距离不接触相关目标而能收集信息，并对其进行分析、解译和分类处理的一种技术。GPS（Global Positioning System：全球定位系统）是一种导航定位授时系统，由 24 颗等间隔分布在 6 个轨道面上大约 20000 km 高度的卫星组成，用户通过接收的 GPS 信号可以得到足够的信息进行精密定位和定时。通过遥感技术获取的数据种类丰富，分辨率高，目前，遥感数据的空间分辨率已达到 1m 以内。GPS 能快速提供目标的空间位置，精度从亚毫米级到几十米级不等。因此，遥感技术能满足大面积的变化区域的数据需要，而 GPS 定位方法更适用于小面积的、突然发生的有较大影响的变化区域的数据确定。

传统 GIS 应用中，地图是 GIS 的数据载体，但地图的更新周期长，现势性较差，而随着城市化进程的推进，城市信息飞跃更新，信息处理的实时性要求城市数据良好的现势性。这样数据库的建立和更新成了 GIS 应用的瓶颈。在城市规划的应用中，把 GIS 的空间分析模拟功能与 RS 的信息动态更新功能、GPS 精确空间定位功能结合起来，将 RS 和 GPS 作为 GIS 的重要数据源，可满足海量城市数据的快速、精确获取和及时动态更新，是 GIS 应用中解决数据瓶颈问题很好的方案。

GIS、RS、GPS 一体化技术可以为城市规划、设计提供直接的数据服务，可以快速地追踪、观测、分析和模拟被观测对象的动态变化，并高精度地定量描述这种变化。GIS、RS、GPS 三种技术相互作用，取长补短：GPS 获得的精确位置信息可以帮助遥感航空相片的几何校正和镶嵌；GPS 技术和 RS 技术为 GIS 空间数据的实时动态更新提供了重要手段，而 GIS 的应用也提高了遥感的数据提取和分析能力。随着高精度遥感技术的发展和 GPS 技术的不断深入，GIS、RS、GPS 的结合将更加密切。

4. 时空系统（Spatio-Temporal System）

传统的地理信息系统只考虑地物的空间特性，忽略了其时间特性。在许多应用领域（如环境监测、地震救援、天气预报等）中，空间对象是随时间变化的，而这种动态变化的规律在求解过程中起着十分重要的作用。时空系统主要研究时空模型，时空数据的表示、存储、操作、查询和时空分析。目前比较流行的做法是在现有数据模型基础上扩充，如在关系模型的元组中加入时间，在对象模型中引入时间属性，在这种扩充的基础上如何解决从表示到分析的一系列问题仍有待进一步研究。

5. 地理信息建模系统（Geographic Information Modelling System，简称 GIMS）

通用 GIS 的空间分析功能对于大多数的应用问题是远远不够的，因为这些领域都有自己独特的专用模型，目前通用的 GIS 大多通过提供进行二次开发的工具和环境来解决这一问题。如 ARC/INFO 提供的进行二次开发的宏语言 AML。二次开发工具的一个主要问题是它对普通用户而言过于困难，而 GIS 成功应用于专门领域的关键在于支持建立该领域特有的空间分析模型。GIS 应当支持面向用户的空间分析模型的定义、生成和检验的环境，支持与用户交互式的基于 GIS 的分析、建模和决策。这种 GIS 系统又称为地理信息建模系统，GIMS 是目前 GIS 研究的热点问题之一。

GIMS 的研究有几个值得注意的动向：

（1）面向对象在 GIS 中的应用。面向对象技术用对象（实体属性和操作的封装）、对象类结构（分类和组装结构）、对象间的通信来描述客观世界，为描述复杂的三维空间提供了一条结构化的途径。这种技术本身就为模型的定义和表示提供了有效的手段，因而在面向对象 GIS 基础上研究面向对象的模型定义、生成和检验，应当比在传统 GIS 上用传统方法要容易得多。

（2）基于 icon 的用户建模界面。建模过程中的对象和空间分析操作均以 icon 形式展示给用户，用户亦可自定义 icon。用户在对 icon 的定义、选择和操作中完成模型的定义和检验，这种方法较之 AML 这类宏语言要方便和直观得多。

（3）GIS 与其他的模型和知识库的结合。这是许多应用领域面临的一个非常实际的问题，即存在 GIS 之外的模型和知识库如何与 GIS 耦合成一个有机的整体。

6. 三维 GIS 的研究

三维 GIS 是许多应用领域，特别是城市规划与建设管理部门对 GIS 的扩展要求。目前的 GIS 大多提供一些较为简单的三维显示和操作功能，但这与真三维表示和分析还有很大差距。真正的三维 GIS 必须支持真三维的矢量和栅格数据模型及以此为基础的三维空间数据库，解决三维空间操作和分析问题。其主要研究方向如下：

（1）三维数据结构的研究，主要包括数据的有效存储、数据状态的表示和数据的可视化。

（2）三维数据的生成和管理。

（3）地理数据的三维显示，主要包括三维数据的操作、表面处理、栅格图像、全息图像显示、层次处理等。

7. 移动 GIS

移动 GIS 是一种应用服务系统，其定义有狭义与广义之分。狭义的移动 GIS 是指运行于移动终端（如 PDA）并具有桌面 GIS 功能的 GIS 系统，它不存在与服务器的交互，是一种离线运行模式。广义的移动 GIS 是一种集成系统，是 GIS、GPS、移动通信、互联网服务、多媒体技术等的集成。移动 GIS 的体系结构包括客户端、服务器、数据源等三部分，分别承载在表示层、中间层和数据层。由此可见，移动 GIS 系统主要由移动通信、地理信息系统、定位系统和移动终端四个部分组成。GIS终端软件制造商、移动通信运营商、空间信息应用服务提供商是空间移动信息服务的主轴。

目前，在市场上有许多移动GIS应用服务的解决方案，如大型数据库厂商的解决方案——Oracle公司的Oracle9iAS Wireless LBS；GIS生产厂商的解决方案——ESRI公司利用其GIS软件开发平台的优势，提出了ArcLocation的解决方案；OGC的OpenLS（Open Location Services Initiative）解决方案。OpenLS包含一个开放的位置服务平台——GeoMobilityServer，它提供了五大核心服务：目录服务、网关服务、地理编码与反编码、信息表达、路径规划。此外，还有基于WindowsCE的解决方案；基于WAP的方案和基于J2ME的方案等。

地理信息系统近年发展迅速，其内涵和外延正在不断变化，最初的地理信息系统都是一些具体的应用系统，充其量只能称为一门技术。现在已发展成一个独立的、充满活力的新兴学科，这已经为大家所公认。地球信息科学从理论上讲是解决地球信息问题，它的范围包括从卫星航空遥感或全球定位系统（GPS）接收信息，变换和校正后进入空间数据库。数据库中的地理信息可以方便地检索、查询，在此数据库和相关知识库的基础上能够定义和生成各种领域专用模型，如城市规划模型、灾害评价模型等。运用这些模型可对地理数据进行有效分析，并把分析结果或是决策咨询建议以直观、清晰的形式输出。这一范围包括了计算机科学、地图学、航测、遥感等多种学科的交叉。总之，由于地理信息在人类生活和国民经济中的重要作用，地理信息系统在未来的几十年中将保持高速发展的势头，成为高科技领域的核心技术。

2.2 城市地理学

城市地理学是研究在不同地理环境下，城市形成发展、组合分布和空间结构变化规律的科学，既是人文地理学的重要分支，又是城市科学群的重要组成部分。城市地理学研究所涉及的内容十分广泛，但其重心是从区域和城市两种地域系统中考察区域的城市空间组织和城市内部的空间组织。城市地理学研究的主要内容包括如下几个方面。

2.2.1 城市形成和发展的条件

传统的城市地理学往往注重研究与评价地理位置、自然条件、社会经济与历史条件等因素对城市的形成、发展和布局的影响。城市是社会生产力发展到一定阶段的产物，是一定地域的政治、经济、文化中心，是人口和财富的主要聚集地。它的形成与发展与经济或文化因素有关。概括起来，城市大致分成三大类型：

（1）为满足广大农村物资集散和综合服务的需要而形成的中心地方城市，如大多数集镇、城镇、县城等。这类小城镇发展与农业的发展息息相关。其发展前景如何，能否发展成为大城市，取决于城镇的行政等级、服务范围大小以及服务范围内的经济发展水平和城镇本身的发展条件。

（2）为满足区际贸易和交通转运的需要而形成的、以交通运输为主要职能的城市，如港口城市、铁路枢纽、公路中心等。随着经济的发展，地域劳动分工的加深，区际空间联系的加强，新的交通工具的出现和普遍采用，转运功能和区际贸易的加强，促进了这类城市的大量产生和不断发展。此类城市的形成和发展取决于天然的和人为的交通地理位置。在一定的社会经济前提下，它们的发展前景与经济腹地、后方疏运系统及城市本身的建设条件密切相关。三者的良好配合，城市发展潜力才有可能充分发挥。

（3）为满足某种专门需要，在集聚经济、规模经济的作用下而形成的以某种专门职能为主的城市，如工业城市、风景旅游城市、科技城市等。这类城市的主要特点是职能较单一，对外联系范围广（但联系内容较单一），发展历史一般较短，发展速度较快，并可能有较大的起伏性。它们发展的前景一方面取决于资源类型、数量、质量、开采条件等，另一方面取决于国家或市场对这种产品的需要程度。在市场经济条件下，这类城市的发展受规模经济和集聚经济的规律所制约。

随着人类进入信息时代，信息化已逐步上升为推动区域经济和社会全面发展的关键因素，成为人类进步的新标志。信息革命创造了新的主导产业部门——信息产业。信息产业的发展改变了城市的经济结构、社会结构和空间结构，产生了新的基础经济部门，形成了新的经济基础；社会结构的进一步分化，形成了新的阶层；信息产业的空间发展使城市结构发生了新的变化。所有的这些变化使城市的性质发生了变化，信息日益成为城市的主要资源和生产要素，城市逐渐演变为信息城市。由此可见，信息因素对城市的形成发展的影响必然会远远超过其他传统因素，进而成为21世纪城市形成与发展的主导条件，信息技术和信息网络的快速发展为城市地理学提出了新的研究课题。现代城市地理学从技术和现代经济的角度入手，开展了信息产业与城市发展的研究，其研究主要沿三条主线展开，即技术变化与城市发展、高新技术产业与城市发展、生产性服务业与城市发展。

2.2.2 城市空间内部结构与组织

城市空间内部结构与组织研究的主要内容是在城市内部化分为商业、仓储、工业、交通、住宅等功能区域和城乡边缘区域的情况下，研究这些区域的特点、它们的兴衰更新以及它们之间的相互关系。研究各种区域的土地使用，进而研究整个城市结构的理论模型。城市内部空间组织研究还包括以商业网点为核心的市场空间，由邻里、社区和社会区构成的社会空间，以及从人的行为考虑的感应空间。

1. 城市内部市场空间

一般是由多层次商业中心、带状商业网点和专业化商业区这三种商业布局组成的复杂的系统结构。此空间研究的理论依据有加纳的商业中心空间模式和赫夫的商业零售引力模式。

2. 城市社会空间

城市地理学所研究的社会空间通常包括邻里、社区、社会区和社会空间，而以社会区为主，并提出了社会经济状况、城市化（家庭状况）和隔离（种族状况）这三个形成社会区的主要因素。在对社会区进行分析时，以这三个因素为基础，组合成三个复合指数。表示社会经济状况的复合指数为职业（体力劳动者比例）、教育（受教育不到九年的成年人比例）；表示家庭状况的复合指数为生育率、就业妇女（妇女劳动力的比例）、单身居住者（单身居住者的比例）；表示种族状况的复合指数为种族群（少数民族群体的比例）。近年来，又出现了用因子生态分析方法对城市社会空间进行研究的模式。

3. 城市感应空间分析

主要从行为地理学的角度出发，以非规范的方式，用实证的方法，研究形式和过程之间的关系，特别重视行为过程产生空间模式的方式和途径，它是心理学和地理学的结合。它把环境、人的感应和行为都看成是变数，把个人决策放在首位，把个人的外在行为和内在心理行为综合起来考虑，以解决复杂的人与环境相互作用的空间现象。

上述这些城市空间组织结构问题亦是城市规划与建设地理信息系统空间分析研究的重要领域和建立城市空间数学模型的重要依据之一。

2.2.3 城市问题研究

城市问题研究主要集中在城市环境问题、交通问题、住宅问题和内城问题（如内城贫困）的具体表现形式、形成原因、对社会经济发展的影响，以及解决问题的对策。

1. 城市环境问题

城市环境问题是由人类经济、社会发展与环境的协调关系被破坏，主要是资源的不合理利用和浪费所造成的。它的表现形式主要有大气污染、水污染、噪声污染、垃圾污染等。城市环境问题的形成原因有：①人口的增长和经济的发展超出了环境承载能力和环境容量。②资源利用率低，没有得到合理利用。③违背生态规律，盲目地进行经济建设。

2. 城市交通问题

随着城市人口的增多和汽车的增加表现得日益突出，城市交通问题已经给城市社会经济发展带来了严重影响。一般认为，大城市主要存在以下一些交通问题：交通阻塞、交通事故、公共交通问题、步行者问题和停车问题等。

3. 城市住宅问题

城市住宅问题是世界普遍存在的问题。但不同年代表现出来的住宅问题在性质上有所差别。随着城市人口的急剧膨胀，不但原有的住宅问题没有得到解决，新的住宅问题又不断产生。

4. 城市社会问题

城市社会问题是经济发展到一定阶段的产物。不同的经济发展阶段产生不同的社会问题；不同的社会制度，社会问题的表现形式也不相同。所以城市社会问题复杂多样，问题的严重程度强弱不等。现在日益严重的社会问题有就业问题、贫困问题、老年人问题、社会责任感缺乏、内城问题等。

城市作为一个复杂的有机体，它以人为本，并与城市经济、城市环境等方面有不可分割的联系。如何解决城市问题，已成为全人类的一个新的课题，走可持续发展道路已成为世界各国的共识。城市的可持续发展是指人口、经济与环境相互协调、持久地发展，主要包括以下含义：①实现人口的可持续性转变。②实现经济结构的优化。③进行环境资源的保护和可持续利用。④加强基础设施的建设。

城市是人类社会经济活动的载体，社会经济发展的速度、水平及结构，在很大程度上决定着城市发展的速度、水平及结构。城市总是一定区域范围的中心，是区域社会经济发展的焦点和缩影。因此，城市地理研究不能就城市论城市，而应从区域出发，注意研究社会经济与城市发展的关系。只有这样，才能真正揭示城市发展的客观规律。

目前，对城市地理学的研究方法和手段都发生了巨大的变化，归结起来有以下几点：

1. 研究领域日益拓宽，研究手段和方法不断更新

20世纪80年代，中国城市地理学主要进行宏观和中观研究，如对国家和区域城市化、城市系统的研究。20世纪90年代初，宏观和中观研究不断深化，微观研究开始增多，如对城市内部交通、环境、用地、就业、空间结构的研究。十多年来，中国城市地理研究已由静态描述走向过程分析和动态机制研究。在研究方法上，逐步由定性分析走向定量与定性分析相结合，数学方法被广泛运用于城市地理研究。这些方法和手段为中国城市地理信息系统的形成和发展奠定了良好的基础。

2. 注重研究课题的实践意义和研究成果的应用价值

中国城市地理学的兴盛时期从一开始就具有与城市规划和国土规划相结合的特点，因为它是随着城市规划工作的复兴而发展起来的。从这个意义上来讲，中国的城市地理研究人员既是学者，又是实际工作者。他们既能为决策提供依据，又直接参与决策。因此，注重研究的实践性成为中国城市地理研究的显著特点。

3. 城市地理学与相邻学科的交叉渗透更加明显

城市地理学从各个层面研究城市的形成和发展规律，要深入开展这些研究，仅靠城市地理学的自身准备是不足的，于是它开始与地理学其他分支学科（如地理信息系统）和相邻学科（城市建筑规划）等交叉。这种交叉在多层次上进行，包括对理论体系、方法论和结论的引用、移植和交叉。通过学科间的交叉渗透，研究水平不断提高，研究领域不断扩大。

2.3 城市地理信息系统空间定位

地理信息系统研究的对象是具有城市空间内涵的地理数据。城市地理数据与其位置的识别联系在一起，它是通过公共的城市地理基础来实现的。这就是说，在一个城市地理信息系统中，任何地理数据都必须纳入一个统一的空间参考系统中，才能为城市规划、管理和决策提供科学依据。目前，就我国城市空间数据基准而言，2/3以上的城市均采用地方系统作为平面基准，其原因主要是顾及投影变形、作为历史延续、为了使用方便和便于资料保密等。相反，只有1/3左右的城市高程基准采用地方系统，其原因几乎都是由于历史延续。

2.3.1 空间参照系统

空间参照系统是指确定空间目标平面位置和高程的平面坐标和高程系，这两个系统均与地球椭球面有关。地球的自然表面是一个起伏不平、十分不规则的表面，它不能用数学公式来表达。尽管如此，但它的总体形状接近一个由大地水准面所包围的形体。理论和实践证明，大地水准面与具有微小扁率的旋转椭球面非常接近，可用来代表地球形状，故又名地球椭球面。地球自然表面、大地水准面和地球椭球面及其之间的相互关系如图2.3所示。

地球椭球的基本元素常用符号 a, b, α, e 和 e' 表示（见图2.4）。

符号的名称和公式为：

    长半轴＝a 短半轴＝b 扁率 $\alpha=(a-b)/a$

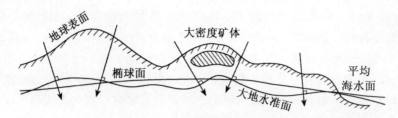

图2.3　地球自然表面、大地水准面和地球椭球面之间的关系

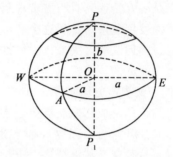

图2.4　地球椭球的形状和大小

第一偏心率 $e=\sqrt{\dfrac{a^2-b^2}{a^2}}$；　　第二偏心率 $e'=\sqrt{\dfrac{a^2-b^2}{b^2}}$。

为确定地球的形状和大小，只要知道5个基本元素中的2个就够了，但其中必须有一个长度元素（a 或 b）。

世界各个国家在大地测量中，均采用某一个地球椭球代表地球。选定某个地球椭球后，仅解决了椭球的形状和大小问题。要把地面大地网归算到该椭球面上，还必须确定它同大地的相关关系位置，这就是所谓椭球的定位和定向问题。一个形状、大小和定位、定向都已确定的地球椭球叫参考椭球。参考椭球一旦确定，则标志着大地坐标系已经建立。

一个国家或地区在建立大地坐标系时，为使地球椭球面更符合本国或本地区的自然地球表面，往往需选择合适的椭球参数，确定一个大地原点的起始数据，并进行椭球的定向和定位。显然，不同的椭球参数构成不同的大地坐标系；相同的地球椭球参数，由于定位或定向不同（或定位、定向均不相同），将构成不同的大地坐标系；大地原点上不同的大地起始数据表明属于不同的大地坐标系。1949年以后，我国采用了两种不同的大地坐标系，即1954年北京坐标系和1980年国家大地坐标系，它们均属参心大地坐标系。

1. 1954年北京坐标系

我国1954年完成了北京天文原点的测定工作，建立了1954年北京坐标系。1954年北京坐标系是原苏联1942年普尔科沃坐标系在我国的延伸，但略有不同，其要点是：

(1) 属参心大地坐标系。

(2) 采用克拉索夫斯基椭球参数（$a=6\ 878\ 245\text{m}$，$f=1:298.3$）。

(3) 多点定位。

(4) $\varepsilon_x=\varepsilon_y=\varepsilon_z$。

(5) 大地原点是原苏联的普尔科沃。

(6) 大地点高程是以 1954 年青岛验潮站求出的黄海平均海水面为基准；高程异常是以原苏联 1955 年大地水准面重新平差结果为水准起算值，按我国天文水准路线推算出来的。

(7) 1954 年北京坐标系建立后，30 多年来用它提供的大地点成果是局部平差结果。

2. 1980 年国家大地坐标系

由于 1954 年北京坐标系（简称 54 坐标系）存在许多缺点和问题，1980 年我国建立了新的大地坐标系（简称 80 坐标系），其要点是：

(1) 属参心大地坐标系。

(2) 采用既含几何参数又含物理参数的四个椭球基本参数。数值采用 1975 年国际大地测量学联合会（IUG）第 16 届大会上的推荐值，其结果是：

地球长半轴 $a = 6\ 378\ 140$ m

地心引力常数与地球质量的乘积 $GM = 3.986\ 005 \times 10^{14}\ \text{m}^3 \cdot \text{s}^2$

地球重力场二阶带谐数 $J_2 = 1.08\ 263 \times 10^{-3}$

地球自转角速度 $\omega = 7.292\ 115 \times 10^{-5}$ rad/s

(3) 多点定位。在我国按 1°×1° 间隔，均匀选取 922 个点组成弧度测量方程，按 $\sum\limits_{1}^{922} \xi_2 =$ 最小解算大地原点起始数据。

(4) 定向明确。地球椭球的短轴平行于地球质心指向 $JYD_{1968.0}$ 的方向，起始大地子午面平行于我国起始天文子午面，$\omega_x = \omega_y = \omega_z = 0$。

(5) 大地原点定在我国中部地区的陕西省泾阳县永乐镇，简称西安原点。

(6) 大地高程以 1956 年青岛验潮站求出的黄海平均海水面为基准。

大地坐标确定后，空间一点的大地坐标用大地经度 L、大地纬度 B 和大地高度 H 表示。如图 2.5 所示，地面上的点 $P_\text{地}$ 的大地子午面 NPS 与起始大地子午面所构成的二面角 L，叫点 $P_\text{地}$ 的大地经度，由起始子午面起算，向东为正，向西为负。点 $P_\text{地}$ 对于椭球的法线 $P_\text{地} K_p$ 与赤道面的夹角 B，叫做点 $P_\text{地}$ 的大地纬度，由赤道面起算，向北为正，向南为负。点 $P_\text{地}$ 沿法线到椭球面的距离 H 叫做大地高，从椭球面起算，向外为正，向内为负。

3. 2000 中国大地坐标系统（CGS2000）

现行的 1954 年北京坐标系和 1980 西安坐标系，都属于参心坐标系，在我国过去的经济建设和国防建设中发挥了重要作用。然而，随着时代的进步，特别是随着卫星定位技术的出现，这些由天文大地网体现的局部大地坐标系，已不能适应现今测绘以及相关产业发展的需要，更新换代已势在必行，而且条件业已成熟。考虑到经济社会发展对大地坐标系的需求、大地坐标系的国际发展趋势以及我国的实际情况，专家们建议，我国应采用有地心基准特点的大地坐标系。新的国家大地坐标系暂名为"2000 中国大地坐标系统"（简称为 CGS2000，即 China Geodetic System 2000）。

CGS2000 的定义满足 IERS（国际地球自转服务局）规定的下列条件：

(1) 它是地心坐标系，其原点在包括海洋和大气的整个地球的质量中心。

(2) 它的长度单位为米（SI），这一尺度与地心局部框架的 TCG（地心坐标时）时间

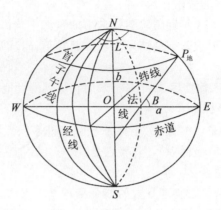

图 2.5　经纬线和经纬度

坐标一致。

(3) 它的初始定向由 1984.0 时国际时间局（BIH）的定向给定。

(4) 它的定向的时间演化由整个地球的水平构造运动无净旋转（No-Net-Rotation）的条件保证。

与此定义相应，存在一个直角坐标系 XYZ，其原点在地球质心，Z 轴指向 IERS 参考极（IRP）方向；X 轴为参考子午面（IRM）与过原点且同 Z 轴正交的赤道面的交线；Y 轴与 Z 轴、X 轴构成右手直角坐标系（见图 2.6）。

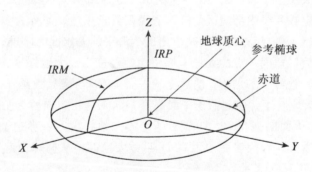

图 2.6　2000 中国大地坐标系统的定义

(5) CGS2000 参考椭球采用如下 4 个定义常数：

地球赤道半径：$a = 6\,378\,137\,\mathrm{m}$

地球（包括大气）的地心引力常数：$GM = 3.986\,004\,418 \times 10^{14}\,\mathrm{m}^3 \cdot \mathrm{s}^2$

地球的动力形状因子：$J_2 = 1.082\,629\,832 \times 10^{-3}$

地球旋转速度：$\omega = 7.292\,115 \times 10^{-5}\,\mathrm{rad/s}$

CGS2000 坐标系通过空间大地网（包括 GPS 连续运行网，GPSA、B 级网和 GPS 一、二级网和区域网）与天文大地网的组合实现，由空间大地网体现的参考框架的实现精度达到厘米级。参考框架通过连续的或重复的高精度空间大地测量观测维持其动态性，CGS2000 坐标的参考历元为 2000.0。

4. 补充知识

A. 平面参考系统

地球椭球面是曲面，地图是平面，因此只有运用一定的数学法则把大地坐标系转化为某投影平面上的平面直角坐标系，方能为测制地形图和工程图提供经纬线控制网。我国国家基本地形图系列均采用高斯-克吕格平面直角坐标系。该坐标系用小写 x 表示纵轴，y 表示横轴。点的高斯-克吕格平面直角坐标是通过高斯-克吕格投影公式计算得到的。

1) 主投影和投影变换

将椭球面上各点的大地坐标按照一定的数学法则，变换为平面上相应点的平面直角坐标，通常称为地图投影。这里所说的一定的数学法则，可以用下面两个方程式表示：

$$\begin{cases} x = F_1(L, B) \\ y = F_2(L, B) \end{cases} \tag{2-1}$$

式中 (L, B) 是椭球面上某一点的大地坐标，而 (x, y) 是该点投影平面上的直角坐标。(2-1) 式表示了椭球面上某一点的大地坐标，而 (x, y) 是该点投影平面上对应点之间的解析关系，也叫坐标投影公式。各种不同的投影就是按照一定的条件来确定式中的函数形式 F_1，F_2 的。地球椭球面是不可展的曲面，无论用什么函数式 F_1，F_{2+} 将其投影至平面，都会产生变形。按变形性质区分，地图投影可分为等角投影、等面积投影和任意投影（包括等距离投影）三种。高斯-克吕格投影是一种等角投影。自1952年起，我国将其作为国家大地测量和地形图的基本投影，亦称为主投影。

2) 国家坐标系和独立坐标系的变换

由于地球半径很大，在较小区域内进行测量工作可将地球椭球面看做平面，而不失其严密性。既然把投影基准面作为平面，就可采用平面直角坐标系表示地面点的投影面上的位置，如图 2.7 (a) 中的 P 点。

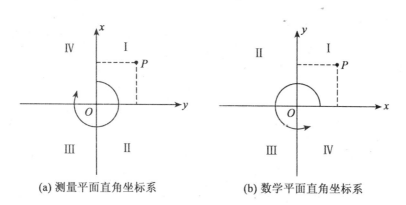

(a) 测量平面直角坐标系　　(b) 数学平面直角坐标系

图 2.7　测量和数学平面直角坐标系

为不使坐标系出现负值，它通常将某测区的坐标原点设在测区西南角某点，以真北方向或主要建筑物主轴线为纵轴方向，而以垂直于纵坐标轴的直线定为横坐标轴，构成平面直角坐标系；也可假设测区中某点的坐标值，以该点到另一点方位角作为推算其他各点的起算数据，实际上也构成了一个平面直角坐标系。

上述平面直角坐标系的原点和纵轴方向选定了的值常用于小型测区的测量，它不与国家统一坐标系相连，因此称为任意坐标系或独立坐标系。我国大部分城市采用独立坐标系，如广州市采用珠江高程和平面坐标系等。

按高斯投影统一分带（6°带，3°带）建立的直角坐标系，称为国家平面直角坐标系。如果某城市或城市内某些地区用的是独立坐标系，在建立城市地理信息系统时，往往需要将独立坐标系转换成国家平面直角坐标系。在进行转换时，先将独立坐标系的原点或独立坐标系的某一固定点与国家大地点联测，并按计算出的方位角进行改正，求出该点的国家统一坐标，然后对所有数据进行平移和旋转，以便将按独立坐标系所采集的数据转换到国家平面直角坐标系中。在城市和工程测量中，也可采用1.5°带或任意带的高斯平面坐标系，以提高投影的精度。

3）地理格网

按一定的数学规则对地球表面进行划分形成地理格网，可以用于表示呈面状分布、以格网作为统计单元的地理信息。通过对地理格网划分及编码规则的深入分析研究，规定我国城市地理信息系统采用三种地理格网系统：

（1）4°×6°格网系统。以纬度4°和经度6°进行划分而构成的多级地理格网系统，主要用于表示陆地与近海地区全国或省（区）范围内的各种地理信息等。它的分级如表2.1所示。

表2.1　　　　　　　　　　　4°×6°格网系统分级表

格网等级	1	2	3	4	5	6	7	8	99
格网单元边长	30″	15″	7.5″	3″	1.5″	0.75″	0.3″	0.15″	5″
比例尺	1:100万	1:50万	1:25万	1:10万	1:5万	1:2.5万	1:1万	1:5千	1:20万

（2）直角坐标格网系统。将地球表面按数学法则投影到平面上，再按一定的纵横坐标间距和统一的坐标原点对其进行划分而构成的多级地理格网系统。主要适用于表示陆地和近海地区为工作规划、设计、施工等应用需要的地理信息。它的分级如表2.2所示。

表2.2　　　　　　　　　　　直角坐标格网系统分级表

格网等级	1	2	3	4	5	6	7	8	9	99
格网边长（m）	1000	500	250	100	50	25	10	5	2.5	200 100
比例尺*	1:100万	1:50万	1:25万	1:10万	1:5万	1:2.5万	1:1万	1:0.5万		1:20万

*直角坐标格网的比例尺与格网等级不是唯一对应的，一种比例尺对应两种格网等级，用户可根据需要选择一种。

（3）在城市地理信息系统中，还需要用到1:2000、1:1000和1:500的地形图，在国家标准中未规定它们的格网等级和格网单元边长，可根据实际需要自行设计（一般为2.5m、2m、1m或0.5m的格网）。

上述三种地理格网均按地球象限、经纬度或直角坐标进行划分，具有严格的数学基础，因此它们之间可以相互转换。三种格网的分级各呈一定的层次关系，构成完整的系列，便于组成地区的、国家的或全球的格网体系。

在建立城市地理信息系统时，通常采用直角坐标格网系统。它具有实地格网大小相等、便于将大比例尺解析测图仪生产作业的数据作为信息系统的数据源和便于同卫星图像、DTM 数据重叠匹配等优点。但采用高斯投影时，在分带边缘会产生许多不完整的网格，难以将分带计算产生的网格拼接在一个坐标系中。因此，若一个城市区域跨带时需先进行换带计算，使整个城市纳入一个投影带（本带），然后再建立地理格网。

B. 高程系统

空间点的高程是以大地水准面为基准来建立的。我国曾规定，采用青岛验潮站求得的 1956 年黄海平均海水面作为我国统一的高程基准。凡由该基准面起算的高程在工程和地形测量中均属于 1956 年黄海高程系。从 1985 年起，我国开始改用"1985 年国家高程基准"，凡由该基准起算的高程在工程和地形测量中均属于 1985 年黄海高程系统。1985 年国家高程基准与 1956 年国家高程基准之水准点间的转换关系为：

$$H_{85}=H_{56}-0.029\text{m}$$

式中：H_{85}、H_{56} 分别表示新旧高程基准水准原点的正常高。

在建立城市地理信息系统时，若需采用不同高程基准的地形图或工程图作为基准数据，应将高程系统全部统一到 1985 年国家高程基准上。

在缺少基本高程控制网的地区，不仅可建立独立平面直角坐标系，也可建立局部高程系统。凡不按 1956 年黄海平均海水面或 1985 年国家高程基准作为高程起算数据的高程系统均称为局部高程系统。

在建立城市地理信息系统时，凡采用局部高程系统的空间数据都必须转换为 85 国家高程系统。设局部高程系统的高程原点起算数据为 $H_{局}$，与国家高程控制网联测的高程原点高程为 $H_{联}$，高程原点的高程改正值为 ΔH，则

$$\Delta H = H_{局} - H_{联}$$

只要将局部高程系统中各高程点的高程加上 ΔH，便可将局部高程系统转换为国家高程系统。

2.3.2 WGS-84 地心坐标系统及其与国家坐标系的转换

WGS-84 是美国国防部研制确定的，其几何定义为：原点在地球质心，Z 轴指向 BIH1984.0 定义的协议地球极（CTP）方向，X 轴指向 BIH1984.0 的零子午面和 CTP 赤道交点，Y 轴与 Z 轴、X 轴构成右手坐标系。

GPS 定位所得的结果都属于 WGS-84 地心坐标系统，而在工程上实用的大多是国家坐标系或是独立坐标系，而独立坐标系一般是在国家坐标系基础上形成的。因此，GPS 定位结果的使用中就有与国家坐标系间的坐标转换问题。目前我国已在建立全国高精度的 GPS 控制网，因而对大部分地区而言，进行地区性 GPS 测量时，网中至少有一点可得到高精度 GPS 成果，以此作为全网的起算数据，以相对定位法可得到网点的高精度 WGS-84 坐标系与国家坐标系之间的转换参数，进而得到国家坐标系成果。另一种方法是进行 GPS 基线向量网的约束平差，将地面网中的坐标、边长和方位角作为 GPS 基线向量网的基准而直接得到平差后国家坐标系的成果。若希望坐标系统转换后，无论是在公共点上还是在非公共点上，其数值都与已有坐标系坐标值完全一致，则可采用约束平差的方法，详

细内容可参考有关书目。

2.3.3 城市独立坐标系的基本转换方法

众所周知，不同的地球椭球元素、不同的椭球定位和定向方法，将产生不同的测量坐标系。要进行同一点在不同坐标系中的高斯平面直角坐标的变换，除了必须知道两个坐标系所属的地球椭球元素外，还必须知道两个坐标系间的转换参数。在建立城市或工程控制网时，大都采用椭球的高斯投影，当所采用的投影方式不同时，会产生不同的测量坐标系。

为了将各城市的独立坐标系转换为国家统一坐标，必须具有一定数量的公共点作为两种系统的连接点，这些公共点应具有两个坐标系中的双重坐标，并可提供所有公共点在1954年北京坐标系下的统一3°带坐标。各项精度指标均应满足现行GPS测量技术规程要求。

在GPS地籍控制网建立后，对于每个城市的公共点来说，均有新、旧两套坐标值，根据有限的公共点，选择适当的方法，可以实现各城市新、旧坐标系的变换。这些变化方法主要包括以下几种。

1. 联合平差转换法

该方法的基本思想是：将城市已有的地面网观测值归算到新建GPS网中，进行GPS网和地面网的二维联合平差处理，求出地面网各点在新系统中的国家坐标。无疑这是一种严密的平差转换方法。具体实施时有两种方式：

（1）将总体GPS网和所有城镇地面网联合平差，以总体GPS网的约束点作为联合平差的起算点。

（2）将分区GPS网和相应城市地面网联合平差，以总体GPS网平差所得的公共点作为联合平差的起算点。

2. 最小二乘变换法

该方法的基本思想是：根据城镇新、旧网中多个公共点的两组坐标，按最小二乘法原则反求新、旧坐标系间的平移、旋转和尺度比参数，再以求得的转换参数对其他点进行坐标变换。这是一种较精确的坐标转换方法，特别是当新、旧网的起算数据相同，只因观测误差影响而产生两系统的坐标差异时，这种方法更为有效。该方法的基本原理如下：

假设公共点在新、旧网中的坐标分别为 x, y 及 x', y'。现要求把旧网合理地配置到新网上，为此对旧坐标系加以平移、旋转和尺度因子的改正，而保证旧网的形状不变。显然有下列变换方程：

$$x = a + x'm\cos\Delta\alpha - y'm\sin\Delta\alpha$$
$$y = b + y'm\cos\Delta\alpha + x'm\sin\Delta\alpha$$

为对上式线性化和简化后述计算，设

$$c = m\cos\Delta\alpha$$
$$d = m\sin\Delta\alpha$$

则上式线性化为

$$x = a + x'c - y'd$$
$$y = b + y'c + x'd$$

设由测量误差影响而引起新、旧坐标为 x, y 及 x', y' 之差异分别为 V_x, V_y 及 V'_x, V'_y，则上式可写为

$$x+V_x=a+(x'+V'_x)c-(y'+V'_y)d$$
$$y+V_y=b+(y'+V'_y)c+(x'+V'_x)d$$

若设

$$f_x=-V_x+cV'_x-dV'_y$$
$$f_y=-V_y+dV'_x-cV'_y$$

则有

$$x=a+x'c-y'd+f_x$$
$$y=b+y'c+x'd+f_y$$

若新、旧网共有 n 个公共点，则可组成 n 对方程，这样所得的 $2n$ 个方程的矩阵表达式可简写为

$$x=Ax+f$$

式中：矩阵

$$x=[x_1 \quad y_1 \quad x_2 \quad y_2 \quad \cdots \quad x_n \quad y_n]^T$$

$$A=\begin{bmatrix} 1 & 0 & x'_1 & y'_1 \\ 0 & 1 & y'_1 & -x'_1 \\ 1 & 0 & x'_2 & y'_2 \\ 0 & 1 & y'_2 & -x'_2 \\ \vdots & \vdots & \vdots & \vdots \\ 1 & 0 & x'_n & y'_n \\ 0 & 1 & y'_n & -x'_n \end{bmatrix}^T$$

$$X=[a \quad b \quad c \quad d]^T$$

$$f=[f_{x_1} \quad f_{y_1} \quad f_{x_2} \quad f_{y_2} \quad \cdots \quad f_{x_n} \quad f_{y_n}]^T$$

上式正是参数平差时的观测方程，其中 x 表示观测值向量，A 表示未知数系数向量，X 表示未知参数，f 表示改正数向量。因此，只要继续进行通常的参数平差即可求得参数 a, b, c, d，进而可以计算出旧网中所有待变换点的新坐标 x, y。

3. 简易相似变换法

该方法的基本思想是：根据城市新、旧网中少量公共点的地方独立坐标和国家统一坐标，求出新、旧坐标系间的平移、旋转和尺度比参数，再以求得的转换参数对其他点进行坐标变换。相当于保持旧网的形状不变，对旧网进行平面上的相似变换，使之与新网相一致。显然这是一种简化的近似处理方法，其转换的精度与测区的范围以及公共点的数量和分布有关。以 3 个公共点为例，计算主要步骤如下：

（1）根据任意一个公共点（假定为 A 点）的新、旧坐标，确定旧网起算点在新坐标系中的坐标 X_0, Y_0：

$$X_0=X_{A(新)}-X_{A(旧)}$$
$$Y_0=Y_{A(新)}-Y_{A(旧)}$$

（2）根据同一条边在新、旧网中坐标方位角之差计算新、旧坐标轴的交角。

$$\Delta\alpha=\alpha_{新}-\alpha_{旧}$$

(3) 根据两公共点间的边长在新旧系统中的差异求出坐标变换尺度比因子。

$$m = S_{新} / S_{旧}$$

为了对坐标轴旋转角 $\Delta\alpha$ 和尺度比因子 m 的计算进行校核,需进行 23 条边的计算,其相差不应超过一定的限值,符号要求时可取 $\Delta\alpha_{均}$ 和 $m_{均}$。

(4) 按公式计算各点的新坐标

$$X_i = X_0 + \Delta X'_i m_{均} \cos\Delta\alpha_{均} - \Delta Y'_i m_{均} \sin\Delta\alpha_{均}$$
$$Y_i = Y_0 + \Delta Y'_i m_{均} \cos\Delta\alpha_{均} + \Delta X'_i m_{均} \sin\Delta\alpha_{均}$$

式中:

$$\Delta X'_i = X'_i - X'_0$$
$$\Delta Y'_i = Y'_i - Y'_0$$

式中 X'_0, Y'_0 为起算点的旧坐标,X'_i, Y'_i 为第 i 点的旧坐标。

4. 坐标函数拟合法

该方法的基本思想是:根据城市新、旧网中若干个公共点的坐标差值 dx, dy,选用适当的函数拟合模型,求出相应的拟合参数,再以求得的拟合参数对其他点进行坐标变换。该方法转换的精度与测区的范围以及公共点的数量和分布有关。测区较大时应采取分区拟合以提高拟合精度。一般情况下,重合点的坐标差与点的位置有密切关系,因而选择二次函数拟合模型较为理想。

$$x_{i(新)} = x_{i(旧)} + dx_i$$
$$y_{i(新)} = y_{i(旧)} + dy_i$$

式中:

$$dx_i = a_0 + a_1 x_i + a_2 y_i + a_3 x_i^2 + a_4 y_i^2 + a_5 x_i y_i$$
$$dy_i = b_0 + b_1 x_i + b_2 y_i + b_3 x_i^2 + b_4 y_i^2 + b_5 x_i y_i$$

式中:a_i, b_i 为新、旧坐标间的转换参数,它们由重合点的新、旧坐标差拟合求出。

若有 n 个重合点,上式可简写为 $\boldsymbol{Aa} = \boldsymbol{L}$,拟合参数 a 的最小二乘解为

$$\boldsymbol{a} = (\boldsymbol{A}^{\mathrm{T}}\boldsymbol{A})^{-1}(\boldsymbol{A}^{\mathrm{T}}\boldsymbol{L})$$

式中:

$$\boldsymbol{A} = \begin{bmatrix} 1 & x_1 & y_1 & x_1^2 & y_1^2 & x_1 y_1 \\ 1 & x_1 & y_1 & x_1^2 & y_1^2 & x_1 y_1 \\ \vdots & & & & & \vdots \\ 1 & x_n & y_n & x_n^2 & y_n^2 & x_n y_n \\ 1 & x_n & y_n & x_n^2 & y_n^2 & x_n y_n \end{bmatrix}$$

$$\boldsymbol{L} = [dx_1 \quad dy_1 \quad \cdots \quad dx_n \quad dy_n]^{\mathrm{T}}$$

$$\boldsymbol{a} = \begin{bmatrix} a_0 & a_1 & a_2 & a_3 & a_4 & a_5 \\ b_0 & b_1 & b_2 & b_3 & b_4 & b_5 \end{bmatrix}$$

根据平差获得的测区拟合系数 a 即可拟合出其他点的新坐标。

城市独立坐标转换应根据测区实际情况和相应的精度要求,选择适当的转换方法。联合平差转换法理论严密,转换精度高,但工作量大,不能求得实用的转换参数;最小二乘转换法要求两系统具有 3 个以上的公共点,分布均匀,转换精度较高,可求得转换参数,尤其是起算数据相同时更为理想;简易相似变换法是针对测区仅有少量公共点时而采取的

一种近似算法，亦可求得转换参数；坐标函数拟合法要求测区具有 3 个以上的公共点，尽可能分布均匀，可求得拟合参数，尤其适合于两系统坐标差与点的位置有密切关系的情形。城市独立坐标转换应根据测区具体情况和相应的精度要求，选择适当的转换方法，以保证提供转换的整体精度。

本节所讨论的原有控制网点旧坐标的转换问题是建立城市规划与建设地理信息系统亟待解决的一个大问题，它直接关系到能否建立统一完整的城市地理坐标体系。

2.4 城市地理信息系统的分类与编码

2.4.1 城市地理信息的概述

城市地理信息是城市中一切与地理空间分布有关的各种要素的图形信息、属性信息以及相互之间的空间关系信息的总称。所谓要素是指存在于城市地理空间范围内的真实世界的具有共同特性和关系的一组现象或一个确定的实体及目标的表示。

城市图形信息是以数字形式表示的存在于城市地理空间实体的位置和形状，按其几何特征可以抽象地分为点、线、面和体四种类型；城市属性信息是指城市目标或实体的特定的质量或数量特征。赋予每个目标或实体的这种质量或数量称为属性值。空间关系是指各个实体或目标之间相互联系和相互制约的关系，包括位置关系、几何关系、拓扑关系、逻辑关系等。

城市地理信息种类繁多，内容丰富，涉及诸多领域。如何将它们有机地进行组织，有效地进行存储、管理和检索应用，是一件十分重要的工作，它直接影响数据库乃至整个信息系统的应用效率。只有将城市地理信息按一定的规律进行分类和编码，使其有序地存入计算机，才能对它们进行按类别存储，按类别和代码进行检索，以满足各种应用分析需求。否则，这些信息进入数据库后，将会成为一堆杂乱无章的数据，或者无法查找，或者检索出的数据与需求不一致，甚至可能使数据库完全失去使用价值。因此，城市地理信息分类与编码是一项十分重要的基础工作。

2.4.2 城市地理信息分类和编码

1. 城市地理信息的内容

城市地理信息的内容十分广泛，大体上可以分为两大类：

1) 城市基础信息

这类信息是城市最基本的地理信息，包括各种平面和高程测量控制点、建筑物、道路、水系、境界、地形、植被、地名以及某些属性信息等，用于表示城市的基本面貌，并作为各种专题信息空间定位的载体。

2) 城市专业信息

这类信息是指各种专业性城市地理信息，包括城市规划、土地管理、交通、综合管网、房地产、地籍和环境保护等，用于表示城市某一专业领域要素的地理空间分布及其规律等。

2. 城市地理信息分类和编码原则

城市地理信息的综合和科学分类必须遵循一定的分类和编码原则，对原则的研究和制定也必须考虑各种因素，权衡众多的利弊关系，这将有利于城市地理信息数据的采集和管理。具体而言其分类原则是：

1）综合的分类方法

分类有两种基本方法：线分类法和面分类法。线分类法也称层次分类法，是一种串、并联相结合的树形结构。面分类法也称组配分类法，它将信息的若干属性、特征分成彼此间互不依赖、互不干扰的若干个面，每个面又分成若干独立的类别。这些不同层次的类别与面并联组成具有固定次序的形式，用户根据需要，可以进行不同层次的组合。由于GIS的信息是一种包含空间和非空间、内容复杂和量大面广的信息综合体，采用单一的方法难以科学地表达和覆盖各类数据，两种方法的结合可以互为补充，以使分类形成综合体系。

2）科学性和系统性

信息分类必须尽可能地体现科学和系统原则，以适合计算机的直接存储和数据库管理的技术要求，有利于方便和快捷地进行数据检索和更新。系统内部类别和属性互不重叠和交叉并形成体系。通过类别的合并和分解，系统之间保持最大程度的数据共享可能，共同组成分层次的信息分类体系整体。

3）稳定性

城市地理信息分类应以国家使用多年的基础信息和各种专业信息常规分类为基础。以各要素最稳定属性或特征为依据制定出的分类方案以及与之相应的编码方案，应在较长时间里不发生重大变更。代码数值必须稳定，一旦确定就不再更改。

4）不受比例尺限制

鉴于目前GIS空间数据库一般仍然要按比例尺建成几级，城市地理信息特别是基础信息的分类和代码应当包括各级比例尺数据库所涉及的全部要素。在不同比例尺数据库中，分类的详尽程度可以有差异，但应形成上下层间的隶属关系，同一要素具有一致的分类和代码，以达到分类与编码的一致性，从而大大简化城市各部门间、各系统间交换城市地理信息的工作。然而这一原则并不否定不同比例尺数据库间存储城市地理信息详尽程度和精度的差异。

5）兼容性与一致性

城市信息的分类必须与国家现有的各种国家标准、行业标准和规范的一致。应尽量直接采用已有的标准和规范，并根据具体情况分别采用高位类或中位类、低位类的归纳，求得最大限度的兼容和协调一致。随着国标、行标的逐渐调整，城市信息的分类体系也必须保留补充和调整的余地。同时信息分类也必须吸收国家现已投入运行的某些地理信息应用系统的分类方法和成果。

6）适用性

城市地理信息的分类和编码方案要便于使用，分类名称应尽量沿用各专业习惯名称，应不会发生概念混淆和二义性。代码应尽可能简短和便于记忆。

7）灵活性

鉴于国内一些城市在其已建或正在建设的系统中采用了各自的分类和编码方案，并考虑到实际操作的方便，可不必强求各个GIS内部一律采用标准分类与代码。但当与其他系统交换数据时，应转换成标准规定的分类与代码。对新设计开发的 GIS 建议采用标准方案。

8）综合性和完整性

GIS 的建立目标是综合地服务于各级管理机构和部门，为其提供管理和决策的依据和方案，因而要求信息必须全面，同时考虑系统之间的联系，为各系统之间的信息归并和分解留有余地，并体现系统内部属性类别的整体性。

9）现实性和可扩展性

分类体系的内容一方面考虑与现有城市各种统计口径的结合，利于 GIS 的属性数据采集；另一方面也必须考虑统计口径和内容的变化以及新的信息内容的产生，因此信息分类必须为新的信息的扩充和归属留有必要余地。

除上述这些原则外，随着国际交往的增多，城市地理信息的分类与编码还应考虑国际信息交流的需要，尽量与国际相关标准接轨。

3. 城市地理信息分类与编码的意义

城市地理信息分类码主要用于对城市数据进行存储、管理、检索和交换。在设计和建立 GIS 数据库时，将数据类型作为基本存储单元，一类或几类相关的数据构成一个数据层，从而利用分类码实现对数据的有效组织和存储。在采集数据时，利用分类码作为用户标识码（即 ID）输入数据。

在维护管理数据库时，分类码可以用于检查数据的精度和完整性，对数据层进行调整或重新组织。当数据进行修改补充和更新时，也需要利用分类码。在 GIS 的应用中，分类码是使用最为频繁、最重要的检索因子。通过它可以按类检索数据，提取所需的信息，进行分析、运算或进行其他处理，利用它可以对数据进行取舍。通过分类码与符号库的连接，可以显示或输出符号化的地图。在信息服务和数据共享时，往往借助于分类码向用户提供所需的数据，不同系统间交换数据时，分类码也是最重要的数据标记，是实现系统间数据共享的重要基础。分类码在城市地理信息系统中的应用是多方面的，应当十分重视分类码的标准化。

4. 城市地理信息的标识码

城市地理信息的标识码亦称识别码，是对城市中各类要素的实体逐个进行标识的代码。行政区划代码、道路编号、河流名称代码，以及政府机关、企事业单位、市政管线、体育场所、公园等均属于标识码一类。就某一个城市地理信息系统而言，应根据城市的具体情况和用户需求，确定标识码的内容。

城市地理信息标识码编码原则与分类编码原则基本一致。但应注意，标识码要保证在整个区域范围内唯一，且与要素实体一一对应，不允许出现多个标识码对应同一地理要素实体，或不同地理要素实体对应一个标识码的情况。

下面以国家标准 GB/T 14395—93《城市地理要素——城市道路、道路交叉口、街坊、市政工程管线编码结构规则》为例，介绍一下标识码的结构。该标准规定了城市道路、路口、街坊和市政管线等要素标识码结构规则，这几类标识码由定位分区和各要素实体代码两个主要码段完成，即

具体内容如下：

（1）根据各个城市空间分布特点和习惯，将城市化分为若干基本（区域）单元，即定为分区。每个分区给定一个唯一的代码，称为定位分区代码。该码段一般采用3～4位字符数字混合码。

（2）对于不同要素实体，根据它们各自的数量、质量和分布特征，采用若干位字符数字混合码作为要素实体代码。这一码段在每个定位分区范围内应当保持唯一。例如，城市道路实体和路段实体的代码可以由下列结构组成：

①道路实体代码：道路走向；道路（在同一定位分区中的）序号；路名序号等。

②路段实体代码：路段走向；路段（在同一定位分区中的）序号；段名序号等。

由此可见，上述几类城市地理要素标识码是基于定位分区编制的，定位分区代码必须在全市范围内唯一。要素实体代码因要素不同而具有不同的长度和结构，定位码必须在各个定位分区内唯一。城市地理信息标识码是分类码的补充，是在分类码基础上对各同类要素的进一步细分，用于对每个要素实体的标识。

鉴于各类要素实体一般数量巨大，因此在设计和建立城市规划建设地理信息系统时，只编制主要要素实体的标识码，用于对这些实体的存储、管理、检索和应用，从而实现在全市范围内迅速方便地查找到一个特定的要素实体，如一条道路或路段、一个交叉路口、一栋建筑物、一条管线、一个地块、一家宾馆饭店、一所医院、一所大学校等，大大增加了城市规划建设地理信息系统的应用能力。

根据上述GIS内容、分类原则和标识码确定，城市地理信息的高位分类体系和编码见表2.3。

表2.3　　　　　　　城市地理信息的高位分类体系和编码表

第一级	第二级	第三级	第四级	
A　城市基础信息	A01　人口	A011　综合信息	A01101	总人口
			A01102	城市人口
			A01103	城市面积
			A01104	总户数
			A01105	人口密度
			A01106	性别比
			A01201	1～20
		A012　年龄构成	A01202	21～60

续表

第一级	第二级	第三级	第四级	
			A01203	61～80
			A01204	≥81
		A013 民族构成	A01301	汉族
			A01302	少数民族
			A01303	外国血统中籍人
		A014 人口变动		
		A015 劳动力	A01501	行业构成
			A01502	职业构成
		A016 文化构成	A01601	文化程度
			A01602	技术职称
		A017 生活条件	A01701	城市设施
			A01702	居住条件
			A01703	职工工资水平
	A02 经济	A021 城市综合经济指标	A02101	分行业社会生产总值
			A02102	分行业国民收入
			A02103	人均国民生产总值
			A02104	国民收入使用
		A022 经济部门	A02201	城市农业
			A02202	城市工业
			A02203	建筑业
			A02204	交通运输
			A02205	邮电通讯
			A02206	商业服务业
			A02301	财政收入

续表

第一级	第二级	第三级	第四级
		A023 财政收支	A02302 财政支出
		A024 金融和保险	
		A025 对外经济	
	A03 医疗卫生	A031 综合医院	
		A032 专科医院	
		A033 药局检验	
		A034 社会福利设施	
		A035 卫生防疫	
		A036 医药商店	
		A037 城市地方病	
	A04 文化体育	A041 科学研究	A04101 自然科学研究
			A04102 社会科学研究
			A04103 综合科学研究
		A012 技术服务	A04201 气象
			A04202 地震
			A04203 测绘
			A04204 计量
			A04205 海洋环境
			A04206 电子计算
		A043 教育	A04301 高等教育
			A04302 中等专业教育
			A04303 初等教育

续表

第一级	第二级	第三级	第四级
			A04304 成人教育
			A04305 学前教育
			A04401 电影事业
			A04402 艺术事业
			A04403 出版
		A044 文化事业	A04404 文物
			A04405 图书馆
		A045 广播电视	
		A046 体育事业	
	A05 城市旅游		
	A06 公共安全	A061 户籍	
		A062 公安警务	
		A063 检察法院	
		A064 犯罪	
		A065 消防	
	A07 城市企业	A071 工业企业	
		A072 商业贸易	
		A073 行政办公	
		A074 医疗卫生	
		A075 供电	
		A076 供水	
		A077 煤气	
		A078 仓储	
		A079 文体娱乐	

续表

第一级	第二级	第三级		第四级	
		A080	金融保险		
		A081	幼托		
		A082	饮食服务		
		A083	科研		
		A084	集市贸易		
		A085	交通运输		
		A086	邮电		
		A087	环卫		
		A088	基建施工		
		A089	单位学校		
		A090	其他		
	A10 城市行政管理				
B 城市专业信息	B01 城市自然条件	B011	城市气象		
		B012	水文		
		B013	地质	B01301	工程地质
				B01302	水文地质
				B01303	地震地质
		B014	地形和地貌		
		B015	测量格网和控制点		
		B016	土壤资源		
		B017	植物资源		
		B018	动物资源		
		B019	矿物资源		
		B020	水资源		
		B021	土地资源		
	B03 城市土地	B031	居住用地		
		B032	公共设施用地		
		B033	工业用地		
		B034	仓储用地		
		B035	对外交通用地		
		B036	道路广场用地		

续表

第一级	第二级	第三级	第四级	
		B037 市政共用设施用地		
		B038 绿地		
		B039 特殊用地		
		B040 水域和其他用地		
		B041 混合用地		
	B05 城市道路	B051 道路	B05101	一般属性
			B05102	路面性质
			B05103	道路横断面
			B05104	道路纵断面
			B05105	道路路基
			B05106	附属设施
		B052 道路交叉口	B05201	平交
			B05202	立交
		B053 人行通道		
		B054 城市广场		
		B055 对外交通道路		
	B06 城市交通	B061 交通调查		
		B062 客流		
		B063 货流		
		B064 停车场		
		B065 对外交通运输		
	B07 城市园林绿化	B071 园林		
		B072 绿化		
	B08 城市环境	B081 环卫机构		
		B082 环卫设施		
	B09 城市环境	B091 环境污染	B09101	污染源
			B09102	污染物
		B092 环境灾害		
		B093 环境监测		
		B094 环境保护		
	B10 城市地籍	B101 地籍调查		

续表

第一级	第二级	第三级		第四级	
		B102	地籍档案		
	B11 城市房地产	B111	城市土地定级		
		B112	城市地价		
		B113	城市房地产开发		
		B114	房地产经营		
		B115	房地产管理		
	B12 城市综合管线	B121	供水		
		B122	雨水		
		B123	污水		
		B124	雨污合流		
		B125	热力		
		B126	燃气		
		B127	电信		
		B128	电力		
		B129	其他工业管道		
	B14 城市建筑物	B141	综合信息	B14101	建筑名称
				B14102	建筑年代
				B14103	单位隶属
				B14104	使用性质
				B14105	建筑面积
				B14106	建筑高度
				B14107	建筑基底
				B14108	建筑层数
				B14109	建筑结构
		B142	建筑给水		
		B143	建筑排水		
		B144	建筑供热		
		B145	建筑饮水		
		B146	建筑供暖		
		B147	建筑燃气		
		B148	建筑供电		

续表

第一级	第二级	第三级	第四级
		B149 建筑电讯	
		B150 建筑防火	

注：本表摘自《中国城市地理信息系统分类体系及其编码规范化研究》，中国城市规划设计研究院，1993。

2.4.3 城市地理信息的基础和专业信息特点

城市地理信息的基础信息具有统一性、精确性和基础性的特点。统一性是指就一个城市而言，基础信息由主管部门集中统一采集后建立数据库，提供使用。城市规划建设 GIS 各个专业信息子系统应当采用统一的基础信息作为空间定位基础，以实现系统间信息共享与交换；精确性是指基础信息数据的精度应能满足城市各种用户的需求，无论其平面位置精度还是高程精度均应符合测绘精度规定；基础性是指基础信息，它是城市规划建设 GIS 的各种专题数据库最基本的内容，基础信息数据库是城市规划建设 GIS 的基础设施，应当优先于其他专业信息进行建设。

城市地理信息的专业信息具有专业性、统计性和空间性的特点。专业性是指相对于基础信息的统一性而言的，即专题信息无论是内容还是应用范围，都有一定的特殊性；统计性是指专业信息大多数采用统计的方法进行采集和记录，且许多专业信息已经建成了统计型的数据库；空间性是指各种专业信息都具有地理空间分布，与空间位置有一定的关联，它们可以借助于基础信息确定其空间位置，进行空间分析，并在此基础上进一步确定不同专业信息之间相互联系和相互制约的空间关系。

此外，基础信息和专业信息都具有时效性特点。无论何种城市地理信息都只反映某一特定时间的城市地理现象，随着时间的推移，这些信息将会逐渐失去其现势性，尤其是对发展速度较快的城市。由于城市面貌日新月异，城市地理信息的时效性更加显著，需要对它们进行长期维护和及时更新。

主要参考文献

1. 曹桂发，陈述彭等. 城市规划与管理信息系统. 北京：测绘出版社，1991
2. 边馥苓. 地理信息系统原理和方法. 北京：测绘出版社，1996
3. 陈述彭，鲁学军，周成虎. 地理信息系统导论. 北京：科学出版社，1999
4. 宋小冬，叶嘉安. 地理信息系统及其在城市规划与管理中的应用. 北京：科学出版社，1995
5. 修文群，池天河. 城市地理信息系统. 北京希望电脑公司，1999
6. 阎正. 城市地理信息系统标准化指南. 北京：科学出版社，1998
7. 许学强，周一星，宁越敏. 城市地理学. 北京：高等教育出版社，1997
8. 陈燕申. 我国城市规划领域中计算机应用的历史回顾与发展. 城市规划，1995，19（3）

9. 杨吾扬．经济地理学．空间经济学与区域科学．地理学报，1992，47（6）
10. 唐子来．西方城市空间结构研究的理论与方法．城市规划汇刊，1997（6）：1～11
11. 陈述彭．城市化与城市地理信息系统．北京：科学出版社，1999
12. 李德仁，龚健雅，边馥苓．地理信息系统导论．北京：测绘出版社，1993
13. 甄峰，朱喜钢．中国城市信息化发展战略的初步研究．载：城市规划汇刊，2000
14. 王铮．区域管理与发展．北京：科学出版社，2000
15. 阎小培等．地理·区域·城市—永无止境的探索．广州：广东高等教育出版社，1994
16. 阎小培．信息产业与城市发展，北京：科学出版社，1999
17. 叶舜赞．城市化与城市体系．北京：科学出版社，1994
18. 魏子卿．关于2000中国大地坐标系的建议．大地测量与地球动力学，2006（5）：1～4

第 3 章 城市规划与建设地理信息系统分析

3.1 城市规划与建设信息系统概要分析

系统分析是应用系统思想和方法,确定系统的开发对象,把复杂的对象分解成简单的组成部分,找出这些部分的基本属性和彼此间的关系。通过系统分析,把软件功能和性能的总体概念描述为具体的软件需求规格说明,从而奠定软件开发的基础。它既是后续开发工作的依据,又是衡量一个信息系统优劣的依据。

城市规划与建设信息系统概要分析通过对现行系统进行目标分析、数据分析、业务功能需求分析和支撑平台分析,从而得出城市规划与建设信息系统的目标和功能模型。

3.1.1 目标分析

城市规划与建设信息系统是一个空间型信息系统,系统中所存储的有关城市测绘、规划、建设、市政综合管线等信息,都有着准确的空间定位和定性定量表示。目标分析就是要确立信息系统在城市规划与建设中发挥怎样的作用及如何发挥作用。

本信息系统以空间数据库为基础,在计算机软硬件支持下,有效地实现信息的复合与分解、查询、检索和更新以及网上发布等。系统的建设和运行将提高城市规划局管理、分析、决策的准确性,在合理利用土地、协调空间布局以及各项建设的综合布局方面实现超前和随机的调控。

系统的建设目标将实现以下几个功能。

1. 城市地理信息的综合管理功能

包括城市地理基础数据的采集与编辑,信息的存储和管理;建立数据标准化体系,规范各类空间数据的生产(设计)、监理、提交、入库、管理和应用流程及统一数据的提交、存储和共享的标准;建立规划空间数据库,存储与管理各类规划空间数据,建立数据之间的空间关系。

2. 空间分析、辅助规划功能

以空间数据和非空间数据为依托进行建设项目投资分析、选址用地分析和项目跟踪监督,进而实现计算机化的规划管理、用地管理、建筑设计管理、市政管理,完成城市管网、路网的网络分析、城市用地适宜性评价、城市建设用地开发秩序评价、城市环境质量评价、旧城改造和资源合理利用等。

3. 决策支持功能

利用信息系统丰富的信息资源和数学模型对城市重大建设项目的决策提供依据和支持,并对城市的发展进行预测。

3.1.2 数据分析

数据是城市规划与建设信息系统的核心。城市规划与建设所涉及的数据量大，数据类型多，且具有多层次、多尺度、多时相等特征，因此对数据进行分析显得至关重要。

城市规划与建设的数据由空间数据、非空间数据和元数据构成。空间数据主要包括基础地形数据、正射影像数据、规划成果数据、规划审批数据、综合地下管线数据。非空间数据主要包括业务信息、审批信息、管理信息和各类辅助信息；元数据包括非空间元数据和空间元数据。

1. 空间数据

1) 基础地形数据

地形数据含有政区、居民地、交通与管网、水系及水利工程设施、地貌、地名、测量控制点等内容。它既包括以矢量结构描述的带有拓扑关系的空间信息，又包括以关系结构描述的属性信息。用数字地形信息可进行长度、面积量算和各种空间分析，如最佳路径分析、缓冲区建立、图形叠加分析等。数字地形数据库全面反映数据库覆盖范围内自然地理条件和社会经济状况，它用于建设规划、资源管理、投资环境分析、商业布局等各方面，可作为人口、资源、环境、交通、报警等各专业信息系统建立的空间定位基础。用地形图数据可以制作数字或模拟地形图产品，还可以制作水系、交通、政区、地名等单要素或几种要素组合的数字或模拟地形图产品。

2) 正射影像数据

数字正射影像生产周期较短、信息丰富、直观，具有良好的可判读性和可测量性，既可直接应用于国民经济各行业，又可作为背景从中提取自然地理和社会经济信息，用于评价其他测绘数据的精度、现势性和完整性。数字正射影像库除直接提供数字正射影像外，还可以结合数字地形数据库中的部分信息或其他相关信息制作各种形式的数字或模拟正射影像图，作为有关数字或模拟测绘产品的影像背景。

3) 规划管理数据

规划管理数据是指规划部门行使规划管理职能时涉及并产生的各类非空间数据，主要有行政办公数据、业务文档数据、城建档案数据以及法律法规等。它们的建库，一方面使工作人员在办公中易于获取实时、准确的各类辅助信息，另一方面可以推动规划局业务处理的规范化，有利于廉政建设。

4) 规划成果数据

一般来讲，规划成果库用于存放历年来的规划设计成果资料，包括图形数据和属性数据。它主要服务于城市规划、城市设计、城市管理，为其提供有力的依据和极大的便利。规划成果库包含的内容丰富、名目繁多、数据类型复杂，从规划层次来分，有总体规划、分区规划、控制性详细规划、修建性详细规划等；从规划专题来分，有用地、道路交通、市政工程及其他（如景观规划、旅游规划等）各种专题规划数据库等。

5) 规划审批数据

规划审批数据主要包括红线、紫线、蓝线、绿线、黑线等。

城市红线数据主要是审批流程中产生的数据，有选址红线、用地红线和建筑红线等。

城市紫线是指国家历史文化名城内的历史文化街区和省、自治区、直辖市人民政府公布的历史文化街区的保护范围界线,以及历史文化街区外经县级以上人民政府公布保护的历史建筑的保护范围界线。

城市蓝线是指水域保护区,包括河道水体的宽度、两侧绿化带以及清淤路。根据河道性质的不同,城市河道的蓝线控制也不一样。

城市绿线是指城市各类绿地范围的控制线。按建设部出台的《城市绿线管理办法》规定,绿线内的土地只准用于绿化建设,除国家重点建设等特殊用地外,不得改为他用。

城市黑线是指划定给排水、电力、电信、燃气施工的市政管网。

6)综合地下管线数据

作为城市的重要基础设施,地下管线是城市规划、城市建设以及城市管理的基础资料之一。城市地下管线的主要类型有给水、排水、通讯、电力、燃气、热力、工业管道等。综合地下管线数据库的数据内容包括空间地形数据、管线数据和管线属性数据三种类型。空间地形数据主要包括与管线相关或者相邻的基础地理数据(测量控制点,独立地物,地形地貌,道路和水系等附属设施,垣栅以及上述要素和注记等);管线数据是指城市各种专业性管线及相关设施信息,主要包括上水、下水、电力、路灯、交警灯、电信、有线电视、军用线、煤气、液化气、热力等十多类管线的空间及属性信息。管线数据通过管线探测及调查得到。管线属性数据即地下管线需要进入数据库的相关数据,主要包括 X 坐标、Y 坐标、管线材料、附属物、地面高程、井底高程、压强/电压、管顶高程、管底高程、埋设方式、管径、埋深、电缆条数、光缆条数、总孔数、已用孔数、建设年代、权属单位、连接方向、截面等属性。

2. 非空间数据

1)业务信息

业务信息主要是和业务相关的各种信息。规划局要完成一个项目的审批,必须有与项目相对应的业务表记录。这些记录包括以《建设项目选址意见书》、《建设用地规划许可证》、《建设工程规划许可证》为主线的一系列表格信息、审批意见等。

2)管理信息

管理信息主要指对业务进行控制、管理的信息,比如各种业务之间的关联表、规则表等。

3)各类文档、多媒体信息

它主要指在规划方案中包含的图件、文档、照片、多媒体等信息数据。这类信息的特点是以二进制数据为主,容量较大。因此,要考虑查询性能、存储空间的因素。

3. 元数据

元数据(Metadata)是用来描述数据的数据,它主要包括对数据集的描述,对各项数据来源、数据所有者以及数据序代(数据生产历史)等的说明。通过元数据可以检索访问数据库,可以有效地利用计算机的系统资源,提高系统的效率。

在地理信息数据中,元数据是说明数据内容、质量、状况和其他有关特征的背景信息。地理信息元数据已越来越为人们所重视。元数据库包括系统各数据库及数字产品有关的基本信息、空间数据表示信息、参照系统信息、数据质量信息、要素分层信息等。

3.1.3 业务功能分析

1. 基础地理信息管理

基础地理信息管理包括城市地理基础数据的采集与编辑、信息的存储和管理。基础地理数据是GIS在城市规划建设中应用的基础，也是构建其他应用平台的基础。基础地理数据库所管理的数据将被广泛应用于政府、专业局等各个社会部门，所以及时、准确地完成已有数据和现有数据的更新对整个系统的应用和存在有非常重要的意义。

业务功能应能实现图形的缩放、平移、全屏等浏览操作，还有通用图形标注、打印、符号库管理、坐标转换、3D分析、数据导出等操作，以满足城市规划与建设相关部门的业务需求。

2. 规划业务审批办公自动化

规划管理信息系统面向的是城市规划内部业务科室日常业务和综合决策应用，是以"一书两证"为业务核心的业务管理，本模块应实现的功能主要是"建设项目选址意见书"审批、"建设用地规划许可证"审批、"建设项目规划设计方案"审批。

3. 行政办公自动化

其主要是提高以公文流转为核心的行政办公的处理，内容包括公文生成、公文管理、收文、发文等。应实现的功能主要包括公文管理、邮件管理、通告、公告、会议管理、定时提醒和文档管理等。

4. 规划编审成果管理

规划编审成果管理主要是为了实现信息系统和数据资源的整合，实现规划编制单位与局内外各部门间的信息共享、数据交换和系统互操作，并对规划审批提供规划支撑和参考依据，从而提高办文、办案、办事效率。本模块应实现的功能主要包括业务管理功能、办公功能以及图形操作功能。

5. 规划电子报批

规划电子报批主要涉及辅助设计和辅助审批两个模块。辅助设计模块提供给设计单位进行辅助制图及规整处理，制作满足电子报批要求的电子文件。主要功能包括图形规整、图形监理、指标计算、属性查询、辅助设计。辅助审批模块提供给规划管理部门使用，对设计方案进行收录、审查及完成数据转换，包含图形检测、数据对照、方案审查、属性查询、数据入库的功能。

6. 地下管线信息管理

城市地下管线称为城市的"生命线"，担负着信息传输、能源输送等工作。一个良好的地下管线信息管理系统可以为合理地开发利用地下空间（如地下工程的规划、设计、施工及运行管理等）提供坚实的信息基础。该模块应实现的功能包括管线数据入库、管线数据监理、管线空间分析和辅助决策模块、管线辅助设计和远程审批等。

7. 数据的共享与发布管理

在政府部门的信息化建设中，信息共享是当前信息系统研究与实施中一个重要的方面。在城市空间数据基础上，建立地理空间信息共享技术平台，可为城市基础地理空间信息以及各类规划编制空间数据的共享提供支持，建立面向政府、企业、公众的空间信息服务网，建立空间信息应用的政策法规保障体系，从而为规划系统对政府和公众的空间数据服务，提供技术与政策上的保证。

3.1.4 支撑平台分析

1. GIS 系统的硬件配置

GIS 系统的硬件包括计算机、存储设备、数字化仪、绘图仪、打印机及其他外部设备。硬件的配置应满足城市规划与建设信息系统日常使用的需求，并充分考虑系统今后的运行和升级维护工作。例如可以采用以下的配置方案：

1) 服务器

双英特尔（R）至强（TM）处理器；1G 内存；4×36 G 硬盘，RAID 卡；千兆光纤接口网卡；10/100M 网卡。

2) 客户机

奔腾（R）III 处理器 800MHz 以上，硬盘 40G 以上，7200RPM，内存 256M 以上。

3) 输入、输出设备

绘图仪：HP DesignJet 750C

图形扫描仪：TurSCAN

4) 网络设备

网络防火墙：NetScreen-25

路由器：（如果采用专线接入方式需要，其余方式不需要）

交换机：100M 以上带宽

Internet 接入设备：拨号连接、ADSL 或专线；带宽在 128K/s 以上，越高越好。

2. 软件配置

1) 操作系统

作为网络操作系统或服务器操作系统，高性能、高可靠性和高安全性是其必备要素，尤其是日趋复杂的企业应用和 Internet 应用，对其提出了更高的要求。微软的企业级操作系统中，如果说 Windows 2000 全面继承了 NT 技术，那么 Windows Server 2003 则是依据 .Net 架构对 NT 技术作了重要发展和实质性改进，凝聚了微软多年来的技术积累，并部分实现了 .Net 战略，或者说构筑了 .Net 战略中最基础的一环。Windows Server 2003 作为服务器操作系统有十分突出的内存管理、磁盘管理和线程管理性能，是一个多任务操作系统，它能够根据需要，以集中或分布的方式处理各种服务器角色。

2) 开发平台

Visual Studio .NET 2003 是一个全面的开发工具，用于快速构建面向 Microsoft Windows 和 Web 并连接 Microsoft .NET 的应用程序，极大地提高了开发人员的效率。

3) 图形处理平台

图形处理分地理信息系统（GIS）和计算机辅助设计与绘图（CAD）两类。GIS 对与地理空间有关的数据（包括图形、属性）进行处理，是目前城市规划管理信息系统最常用的图形数据处理技术平台。CAD 针对设计业务，提供对设计对象的数据处理功能，在规划编制中已经普及。CAD 和 GIS 在图形表达上有很多相似之处，但软件系统在设计思想上有明显区别，CAD 适合从设计者主观角度对事物进行定义、编辑、表达，GIS 适合从客观角度描述事物，提供定义、查询、分析、表达功能。在规划管理业务中，以空间查询、地理分析为主时，GIS比较合适；在规划设计业务中，以描述人工物体、表达主观意图为主时，CAD比较合适。

很多规划管理人员曾从事过规划设计工作，已经熟悉了CAD，如果继续使用，对他们的培训要求低，他们往往对市场上GIS软件产品在设计类图形的输入、编辑方面不习惯，要使他们改变习惯会有些阻力。

GIS平台和CAD平台之间有数据共用的问题，主要有文件转换和直接访问两种途径。直接访问在操作上很方便，但某些功能可能无法实现，某些信息无法正确表达。文件转换有自动转换、人工干预转换两种方式，前者的工作量小，后者容易保证数据质量。

目前，市场上的GIS软件增加了类似CAD的编辑功能，也有在CAD平台上实现GIS功能的产品，这些趋势增加了用户在平台选择上的余地。

4）数据库管理软件

当信息系统中的数据量较大时，就需要建立数据库，用专门的软件（即数据库管理系统）来管理。规划管理信息系统一般都用数据库来存储字符型、数值型的数据，当图形数据量很大时，也可用专门的数据库管理系统来集成化地管理图形和相关属性，这是目前规划管理信息系统依托的常用技术平台，称空间数据库。

目前市场上有小型、中型、大型数据库管理系统三类，规划管理机构可根据系统的规模来选择。小城市选用小型数据库管理系统可以满足，开发、应用、管理都比较简单。大城市、特大城市才有必要使用大、中型数据库管理系统。大、中型数据库管理系统的优点是系统承受的数据量大，允许很多用户在同一时刻查询、修改同一个数据库，系统的安全性比较好。当然，软件价格比较贵，对数据库管理员的技术要求比较高。

有的城市，规划管理的办公地点分散，但信息要求统一，这就产生了数据集中处理还是分布处理的问题。两者都要借助广域网络实现。集中处理在软件技术上比较简单，容易保持数据的一致性，但中央处理系统一旦出现故障，影响面就很大，网络传输不正常，也会造成相关用户无法工作。依靠分布式数据库，可以使系统故障影响的范围相对缩小，对网络传输性能、中央处理系统性能的要求也比较低，但在软件技术、系统管理和维护上比较复杂。

5）三维平台

城市建设中景观敏感地区的设计用计算机模拟逐渐受到重视，目前采用的方法有四种：

（1）传统的平面、立面、剖面图。

（2）静态渲染图。

（3）三维动画。

（4）交互式的三维浏览。

前三种技术已经普及，第四种技术比较热门，它的优点是观察景观时位置、角度、方向的自由度大，但是物体的输入、编辑工作量很大，而且必须用高性能的计算机才能达到有较强真实感的效果，离大量普及还需一定时间。为此，产生了减轻数据输入工作量，降低计算机性能要求的工作方法和技术途径。例如：在设计阶段就建立三维模型；对没有详细资料的现状地物在航空摄影测量的基础上建立三维模型；用简易模型代替精细模型；在现场用地面摄影获得二维图像代替三维模型，等等。在具体使用时，需要在以下三个方面进行平衡：

(1) 建模所能承受的工作量。

(2) 技术平台所能承受的经费。

(3) 可以接受的景观观察效果。

3.2 需求分析

需求分析简单地说就是分析用户的要求，开发人员要准确理解用户的要求，并进行细致的调查分析，将用户非形式的需求陈述转化为完整的需求定义，再由需求定义转换到相应的形式功能规格说明。

城市规划与建设信息系统需求分析是系统分析阶段的主要工作内容，是对整个系统工程建设周期具有决定作用的一步。只有通过需求分析，才能把软件功能和性能的总体概念描述为系统建设的需求规格说明，为软件开发奠定基础，为后续工作提供依据。

3.2.1 需求分析的任务与目的

需求分析是城市规划与建设信息系统开发的工作关键阶段，是通过对现行系统的深入分析，获取现行系统的具体逻辑模型，从功能上确定用户的需求，定义新建系统的逻辑功能，解决系统"干什么"，而不顾及"怎么干"的物理实现，获取系统的逻辑模型以反映用户的需求。系统分析的结果是用户需求分析报告，它作为系统开发者与用户沟通的主要桥梁和成果，是对将建成系统的概略性描述，是进行系统设计、开发、测试和评价的依据。

需求分析的任务是通过详细调查现实世界要处理的对象（组织、部门、企业等），充分了解原系统（手工系统或计算机系统）工作概况，明确用户的各种需求，然后在此基础上确定新系统的功能。新系统必须充分考虑今后可能的扩充和改变，不能仅仅按当前应用的需求来设计系统。

需求分析以系统规格说明和项目规划作为分析活动的基本出发点，并从软件角度对它们进行检查与调整。同时，需求规格说明又是软件设计、实现、测试直至维护的主要基础。良好的分析活动有助于避免或及早剔除早期错误，从而提高软件生产率，降低开发成本，改进软件系统的质量。

3.2.2 需求分析的步骤与方法

通常，用户对应用问题的理解、描述以及他们对目标软件的要求往往具有片面性、模糊性，甚至不一致性，因此必须用系统的方法学进行需求分析，从而准确、全面地把握用户的需求。

1. 对现行系统及组织进行分析

对现行系统及组织进行分析包括调查现行系统的运行情况、现有的数据情况、系统管理机构的人员组织情况、现行系统存在的问题等，为后面的分析、设计做准备。

2. 进行数据分析，获取数据字典

对数据流程图中出现的所有空间数据、属性数据进行描述与定义，形成数据字典，列出有关数据流条目、文件条目、数据项条目以及加工条目的名称、组成、组织方法、取值范围、数据类型、存储形式和存储长度等。

3. 进行用户需求分析与描述

在对现行系统深入分析的基础上，找出现行系统存在的问题，对用户提出的要求进行综合抽象和提炼，形成待建系统需求的文字描述，包括功能需求、性能需求、数据管理能力需求、可靠性需求、安全保密需求、用户接口需求、联网需求和运行环境需求等的文字描述。

4. 明确待建系统的具体目标

对系统分析中的目标进一步深化明确，规划出软件的功能模块与框架结构，并详细描述软件功能，包括每个模型的具体内涵，如何操作，每一个功能的说明、优先级、业务规则和详细功能描述等。

5. 制定设计实施的初步计划

对工作任务进行分解，确定各子系统（或模块）开发的先后顺序，分配工作任务，落实到具体的组织和人；对系统建设的时间进度进行安排；对建设费用进行评估。需求分析的最后阶段由分析员提交用户需求分析报告。

3.2.3 业务分析

城市规划的对象是以城市土地使用为主要内容的城市空间系统，规划的主要目标是管制各种土地开发，确保城市土地的合理配置和各项工程建设的综合部署，因此，规划管理的日常主要任务就是审批各种开发建设项目。规划管理工作人员必须大量处理报批案件，查询各种法规、规划和档案，了解有关政策、项目的周边情况等。

城市规划与建设的业务涉及面很广，建成的规划信息系统应能满足规划局主要业务的需求。业务的需求按照规划的功能和模块可以分为以下几个方面。

1. 规划管理办公自动化系统需求

规划局的主要业务都是围绕"一书两证"这一规划核心业务展开的。规划管理办公自动化系统是最核心的子系统，包含规划实施管理（"一书两证"规划审批）、批后管理和规划监察（违章查处、信访接待）等业务内容。建立规划审批数据库、批后管理数据库和规划监察数据库。系统的建立要基于各子系统和资源之间的相互关联，体现人性化及可扩展性等问题，重视系统响应速度快捷的要求。

2. 行政办公自动化系统需求

主要包括行政办公自动化系统中的几个核心模块：

（1）公文管理（办文、办信、拟文、发文、提案办理）。

（2）会议管理（会议申请、受理、请示派会、会议记录、转阅件或办文）。

（3）日程管理（局一周日程、处室日程、个人日程管理）。

3. 测绘成果管理信息系统需求

主要是研发各种测绘成果，包括4D产品（DLG（数字线划图）、DOM（正射影像图）、DRG（数字栅格图）、DEM（数字高程模型））、控制点、各类比例尺地形图、影像图、验线成果、竣工测量成果、专题图等的管理信息系统，建立试验区测绘成果数据库。

4. 基础地理信息系统需求

以测绘成果数据库为规范数据源，按 GIS 的要求建立涵盖元数据管理、基础地形信息（DEM、DOM、行政区划、地名信息等）数据库，研究制订相应标准和规范，实现相应的地理信息收集、处理、建库、查询、统计、分析、输入、输出、显示、应用和共享交换，可视化符号定制/配置，坐标转换（常用坐标系）、投影变换（常用投影），开发各类数据校验检查和验收功能，研究实现地理信息的动态更新和维护机制、版本管理。研究城市基础地理信息的有效共享交换模式和实现途径。

5. 规划编制成果管理信息系统需求

（1）研发规划编制成果管理信息系统，建立试验区规划编制成果数据库及规划编制成果 GIS 数据库。集成规划管理办公自动化系统，专门的数据生产、加工、检查、入库工具可以除外。

（2）为规划编制成果（原始成果）档案管理与建库、规划编制成果 GIS 数据建库、规划审批管理及其智能检测服务。

（3）以控制性详细规划（规划基本图则）为核心内容，建立规划成果和 GIS 数据库。开发各类数据校验检查和验收、规划编制成果（原始成果）档案管理等功能，并建立动态更新维护机制，实现规划成果的版本管理和历史回溯。

3.2.4 编写软件分析说明书

软件分析说明书又称软件需求说明书（Software Requirements Specification），简称 SRS。SRS 是分析阶段需要完成的文档，主要包括以下内容：

$$
\text{软件需求说明书}\begin{cases}\text{引言}\\\text{数据描述}\begin{cases}\text{数据流图}\\\text{数据字典}\end{cases}\\\text{功能描述}\\\text{性能描述}\\\text{质量保证}\\\text{其他}\end{cases}
$$

引言叙述在问题定义阶段确定的关于软件的目标与范围。

数据描述包括数据字典（DD，Data Dictionary）和数据流图（DFD，Data Flow Diagram）两部分。前者汇集了在系统中使用的一切数据的定义，后者用来表达系统的逻辑模型。

功能描述和性能描述分别是对软件功能要求和性能要求的说明。前者可以用形式化或非形式化的方法来表示，后者应包括软件的处理速度、响应时间、安全限制等内容。

质量保证阐明在软件交付使用前需要进行的功能测试和性能测试，并且规定源程序和文档应该遵守的各种标准。

其他还应包括外部接口需求、安全设施需求、安全性需求、业务规划及用户文档等。

软件需求分析说明书作为需求分析的最后成果，是实现软件开发依据的最主要文档资料。其作用主要有以下三个方面：

1. 便于用户、分析人员和软件设计人员进行理解和交流

用户通过需求分析说明书，在分析阶段即可初步判定目标软件能否满足其原来的期望,设计人员则将需求分析说明书作为软件设计的基本出发点。

2. 支持目标软件系统的确认

软件开发目标是否完成不应由系统测试阶段的人为因素决定,而应根据需求分析说明书中确立的可测试标准决定。因此,需求分析说明书中的各项需求都应该是可测试的。

3. 控制系统进行过程

在需求分析完成之后,如果用户追加需求,那么需求分析说明书将用于确定追加需求是否为新要求。如果是,开发人员必须针对新需求进行需求分析,扩充需求分析说明书,再进行软件设计,等等。

一般在完成需求分析之后,为了确切表达用户对软件的输入输出要求,还需要制定数据要求说明书和初步的用户手册。

3.3 系统分析

3.3.1 城市规划管理组织结构

目前,我国许多大中城市都设有城市规划局。其他城市在城市建设局(或建委)内,设有城市规划处或城市规划科,负责该市的城市规划工作。城市规划大量的工作是由市一级的城市规划管理部门完成的。

典型的城市规划管理组织结构如图 3.1 所示。

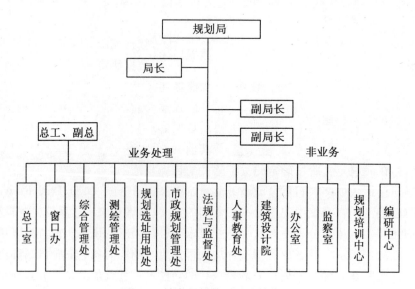

图 3.1 城市规划管理组织结构图

3.3.2 城市规划管理业务职能分析

规划局的主要职能包括:

(1) 贯彻执行国家、省有关城乡规划的方针政策和法律法规;研究起草全市有关城乡规划的地方性法规、规章制度。

（2）组织开展城乡规划的战略研究；参与研究全市经济和社会发展规划；参与制定城市建设近期目标和年度建设计划；参与大中型建设项目的可行性研究和论证。

（3）组织市域城镇体系规划、城市总体规划、分区规划、控制性详细规划及重要地区修建性规划的编制、修订和调整工作；负责修建性详细规划的审批工作；承办市政府委托的规划编制审批工作；综合平衡与城市规划相关的专业规划、专项规划；参与国土规划、区域规划、江河流域规划、土地利用总体规划的编制工作；负责全市村镇规划编制工作。

（4）管理、指导全市各类建设项目的规划实施工作及负责审批《建设项目工程选址意见书》、《建设用地规划许可证》、《建设工程规划许可证》（简称"一书两证"，以下同）；负责规划设计方案竞选工作；负责国有土地出让、转让的规划工作；参与制定农用地转用计划；参与建设项目的初步设计审查；负责建设工程的验线和规划验收工作。

（5）负责组织对城市规划实施进行检查；对各类建设项目实施规划监督管理，查处各类违法建设行为。

（6）指导各县城市规划和村镇规划的编制；指导和监督各区、县城市规划和村镇规划的管理工作。

（7）负责全市测绘管理工作，制定全市测绘发展的规划和计划；负责权限内测绘成果的审核、审批与管理。

（8）指导城市建设档案的管理和综合利用工作。

（9）承办市委、市政府交办的其他事项。

根据图3.1所列举的城市规划管理组织结构，下面分析各个部门的主要职能。

1. 办公室（财务处）

协助局领导协调处理政务工作；负责有关重要会议的组织工作，负责对外宣传、政务信息、秘书事务、档案管理和保密、机要、信访等工作；协调办理人大建议、政协提案；负责机关财务、接待等行政事务管理工作；监督、指导局属各单位的财务工作。

2. 综合管理处

负责全局规划管理审批运行的协调，牵头负责规划管理审批案件运行的督办、督查工作；负责城建项目扎口管理及计划下达；牵头负责全局的信息管理工作，负责局机关有关业务信息的统计及分析工作，负责规划编制成果、"五线"外部条件、测绘成果和有关管理信息的网络共享工作；负责规划审批业务档案管理。

3. 测绘管理处

负责全市测绘行业管理工作，对测绘单位的资格进行初审；负责制定全市测绘发展的规划和计划；负责综合供图的管理及测绘成果的动态更新工作；负责测绘成果的审批和管理，负责测绘产品的质量监督及公开版地图、公开展示地图等多种专题图编制的监督指导；负责竣工测量的管理工作；负责全市测量标志的检查、维护及对测绘违法行为的查处。

4. 规划处（县镇规划处合作署）

负责全市城市规划行业管理工作；负责组织制定城市规划编制计划，负责规划编制成果的初审，参与规划编制成果的终审；负责组织编制市域城镇体系规划、城市总体规划、分区规划以及需由局组织编制的控制性详细规划；参与全市经济和社会发展中长期规划和计划、国土规划、区域规划、江河流域规划、土地利用总体规划以及相关的专项、专业规划的编制工作；综合协调选址、用地工作，负责跨区域或区域性比选的项目（含管线工程）以及加油站、沿江码头的选址工作，负责土地储备和出让、外资项目等相关工作的扎口管理，扎口管理选扯用地的信息成果。

研究制定全市村镇规划的近期和年度编制计划，制定地方性的村镇规划技术标准，指导市属各县的城乡规划和村镇规划编制工作，指导、监督各县城镇和重要建制镇以及村镇的规划管理工作；负责各县范围内市属重大项目的规划管理工作。

5. 市政规划管理处

扎口负责全局市政工程规划管理工作；负责城中分局管辖范围和跨分局管辖范围的市政工程的规划管理工作，负责核划管辖范围的"五线"外部条件及管线综合；扎口管理市政工程管理、"五线"外部条件的信息成果，负责管辖范围的市政工程管理、"五线"外部条件成果的动态更新；负责全局"五线"外部条件指令性任务的下达。

6. 法规与监督处

负责组织拟定规划立法的规划、计划，起草或组织起草有关法规、规章和规范性文件；负责城市规划行政执法监督工作，对城乡规划有关法律、法规、规章的执行情况进行检查，负责法制学习、宣传工作；扎口负责违法建设查处工作，具体负责城中分局辖区内的违法建设查处工作；扎口负责验线工作，具体负责城中分局辖区内的验线工作；扎口负责规划验收工作，具体负责城中分局辖区内的规划验收工作。

7. 人事教育处

负责局党组的有关工作；负责局机关及局直属单位的机构编制工作；负责局机关公务员的管理及人事档案管理工作；负责局属单位领导干部的考察、任免、调配工作，配合市城建工委做好局属单位党务和精神文明建设的相关工作；负责局系统劳资、福利和分配制度改革工作，牵头负责局属事业单位的改制工作；负责局系统的出国（境）管理工作；牵头负责局机关的继续教育、业务培训工作。

8. 总工程师办公室

负责全局的技术管理工作，协助局领导处理重大技术问题；参与城市规划编制成果的初审，负责组织规划编制成果的终审；负责组织制定规划管理有关技术要求和操作规范，并对使用和执行情况进行监督检查；负责局技术委员会会议的组织工作，并负责对报审的项目进行技术预审；负责市政府重大项目规划会审会的准备工作；负责局内规划管理审批案件的技术复议工作（含信访反映的相关技术问题）；承担城市规划委员会的日常工作，负责规划委员会组织的专家咨询工作。

9. 机关党委

负责局机关的党群工作。

10. 监察室

负责市规划局纪检、监察工作。

11. 规划编制研究中心

承担全局信息化建设工作，承担全局网络、网站、数据库的维护、升级，负责全市基础地理信息的共享和服务，负责业务系统的管理、培训等。

12. 窗口办

负责各种申报、办案的收件、登记、发件，并按规定的业务办理流程向具体经办部门转交。

3.3.3 规划审批业务流程

规划审批的业务主要是"一书两证"的审批,具体的流程如下:
(1) 审批选址意见书流程如图 3.2 所示。

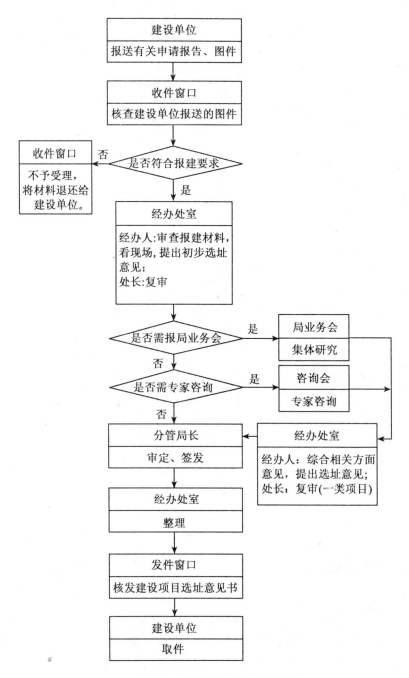

图 3.2 审批选址意见书流程图

(2) 审批建设用地规划许可证流程图如图 3.3 所示。

(3) 审查规划设计方案流程如图 3.4 所示。

(4) 审批建设工程规划许可证流程如图 3.5 所示。

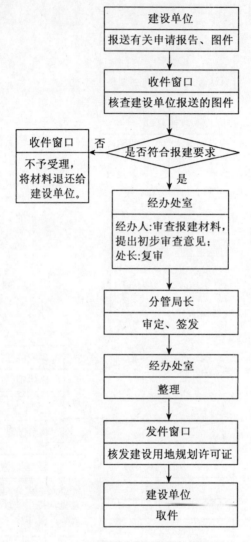

图 3.3　审批建设用地规划许可证流程图

3.3.4　规划管理对象模型

建设项目申请与审批是城市规划管理最繁忙的日常业务，也是城市规划建设信息系统建设的主要服务对象。建立规划管理对象模型，可以做到以模型为基础，规范各种规划管理业务，促进业务信息化的流通，系统开发人员在进行系统的需求分析、系统设计时，可以在一些现有的规划管理模型的基础上继续深化。同时也为了鼓励开发通用的、能在不同城市重复使用的软件产品，减少重复劳动，提高技术水平。

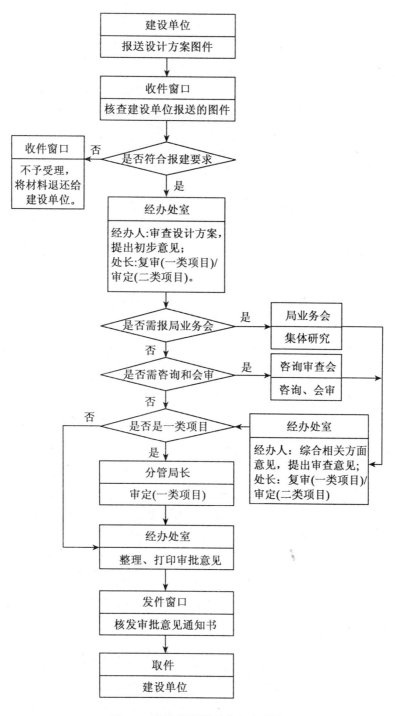

图 3.4 审查规划设计方案流程图

图 3.6 是对业务总体模型的图形表达，图中的椭圆表示业务中的行为，从上至下反映了业务的先后次序，图中的小人表示业务中的角色、行动者，联线表示行为和行动者的关

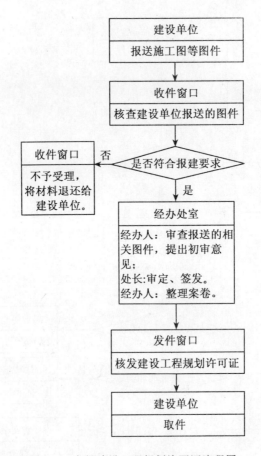

图 3.5 审批建设工程规划许可证流程图

系。图 3.7 按信息系统要求对角色、信息进行分类定义，主要由项目、申请人、收发文窗口、案卷、办案人、业务资料六个部分组成（从计算机软件的角度就是六个类或六个对象），并对申请人、办案人作了细分。

1. 项目

指行政管辖范围内的任何建设项目，以及虽不进行建设但对城市功能、环境、景观有可能产生影响的活动。如：土地使用性质的变化，改变建筑外观的装修、工业厂房的租赁、户外广告的设置、公共绿地、广场的绿化，等等。

2. 申请人

申请人可以进一步细分成建设单位、个人产权拥有者、政府有关机构、有关业务人员四类。绝大多数申请人是建设单位的代表或委托人，也可以来自政府有关机构（如土地出让、批租的业务机构代表），还可能是规划系统内部的业务人员，如检查违法案件的业务人员、建设项目施工时现场放线、钉桩、验线、竣工验收的代表。

3. 报建窗口

在政府机关设立的接待申请人、接受申请、发出批复或通知的办事机构。设立报建窗口可以实现申请、批复工作统进、统出的管理模式。避免或减少开发商和政府业务人员之

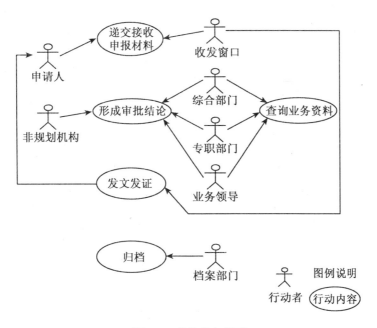

图 3.6 总体业务模型

间的直接接触。

4. 案卷

正式提出申请、需要政府批复或默认同意的书面或数字媒体材料及其办理过程的记载材料。在项目进展的过程中，每次申请设置一个唯一的案卷申请号，形成一案一卷一个申请号。项目总编号可用于同一项目、不同案卷之间的相互联系。

5. 办案人

政府机关的专业工作人员。按职能分成综合口、专职口、领导口三个子类。综合口主要在各专职口之间起协调作用。专职口的划分根据具体情况可分为详规、用地、建筑、市政等，也可将用地、建筑合一，按所管理的空间区域分工，而详规、市政口单独，每个专职口可进一步分成项目经办人和专职口负责人两个子类。领导口分技术负责人（一般称总工程师或总规划师）和行政负责人（一般称主管局长）两个子类。

6. 基础资料

业务资料由业务数据和非数字化的资料组成，业务数据可分为基础图、社会经济、资源环境、土地使用、市政公共设施、规划编制成果、内部业务档案、在办案件等。

3.3.5 对规划案卷的基本定义

建设申请、审批的办公过程主要围绕案卷展开，为项目服务。图 3.8 是对项目、案卷及其相互关系的定义。案卷由如下材料组成：

（1）申请人的申报材料（在某些条件下需要补充材料）。

（2）记载办案人办案文字、图形的内部流转材料。

（3）规划机构内部形成的审批材料。

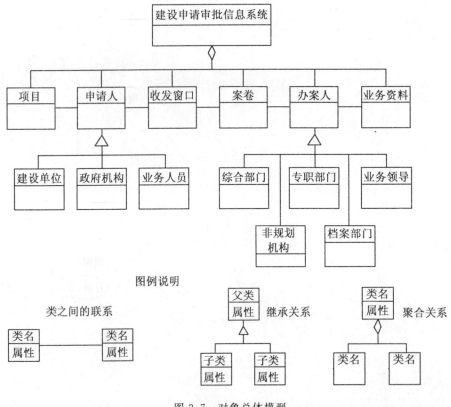

图 3.7 对象总体模型

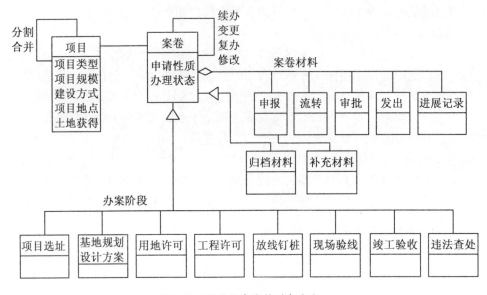

图 3.8 项目和案卷的对象定义

(4) 正式发出的材料。

(5) 周期长、反复多的案件办案进展记录。

(6) 案件办完后上述五种材料中需要长期保存的内部档案。

3.3.6 规划案卷属性的分类

1. 申请性质

可以分为新办、续办（含延期）、符合前阶段批准文件的变更（简称变更）、未获批准复办（简称复办）、补办、要求修改原批准文件（简称修改）等。

所谓新办，是某项目、某阶段的第一次办案。

所谓续办，是项目规模较大或涉及因素复杂，项目进展出现反复，在阶段性的申请新办批准后，再继续办同一阶段的申请，如开发商为了抢时间，将主楼和裙楼的工程许可分开来办。根据经验，大型项目在工程许可阶段续办较多。

所谓延期，是指获得某项批准（如用地许可）后，开发商不能在指定的期限内提出下一阶段的申请（如工程许可申请），为了不撤销已批文件，可申请延期，延期的时效性，能否续延应由规划管理部门制订具体规则。

所谓变更，是开发商在项目进展中改变了主意，但其改变并不违反上一阶段已批准的文件。如要修改已批准的施工图，不能违反已批准的用地许可，也不能违反已批准的基地规划设计方案。

所谓复办，是指上次申请时未获批准，申请者修改了有关材料后再申请，一般情况下，修改的要求是规划部门在否决上次申请时提出的。

所谓补办，是由于某种特殊的原因，项目的后阶段文件已经办好或事实上已经完成，但为了法律手续的完备性，需要补办前阶段的文件（如违章建设在接受惩罚后补办建设工程许可证）。

所谓修改，是指开发商在获得了某项批准后，要求修改已经批准的文件。

2. 办理状态

可以分为受理（已接受申请，但案卷还未传到经办人手中）、在办（经办人已接收）、已办（全部办好，等待申请者领取）、已取（申请者已取材料）、撤销、归档等。

3. 办案阶段

按目前的城市规划法规，建设项目最多可能经历项目选址、基地规划设计方案、用地许可、工程许可、放线钉桩、现场验线、竣工验收、违法查处八个阶段，当然绝大部分项目只有前七个阶段。由于各地、各项目具体情况不同，有些阶段是可以省略的。例如：在土地批租前，选址意见由政府有关机构代办，或者直接用规划设计条件代替。有些阶段在时序上是相反的。例如：为了使土地开发商提前办理土地权属手续，有些城市先发用地许可证，再审基地规划设计方案。还有一些阶段是有弹性的。例如：很多城市放线钉桩不需要办案，零星建设项目可以一次办完"一书二证"，等等。

3.3.7 项目属性的分类

项目按属性定义，有类型、规模、建设方式、所在地点、土地获得五种分类。

1. 项目类型

可以分一般建筑物、交通设施、市政管线、市政附属设施、园林和广场、河道水利及其驳岸、小品、户外广告、特殊构筑物、综合开发、成片开发等。

2. 项目规模

可以简单分为大型、中型、小型、零星四类。

3. 建设方式

可以分为新建、旧区改造、原址改扩建、改变用途、临时建设、建筑大修或改变外观、地块再分割或合并等。

4. 项目地点

可以分为重点地段、一般地段、其他特殊地段等。

5. 土地获得

可以分为生地批租、熟地批租、征地、划拨、转让、原有等。

有了上述分类，项目申请人应该准备什么材料、到了规划机构内部应该有哪些程序、查询什么资料、发出什么材料都可以进一步定义。例如：市政管线往往不需要办用地许可；特殊地段的大型项目在程序上要经过市政府协调会讨论；改变土地用途不进行建设的项目只办用地许可，不办工程许可，申请人要递交原始的土地使用许可证，办案人员需要查询历史案卷，等等。

3.3.8 规划案卷审批过程功能模型

图 3.9 为每个规划案卷在政府机构中的审批过程功能模型（案卷申报、流转、审批、发出的程序）。

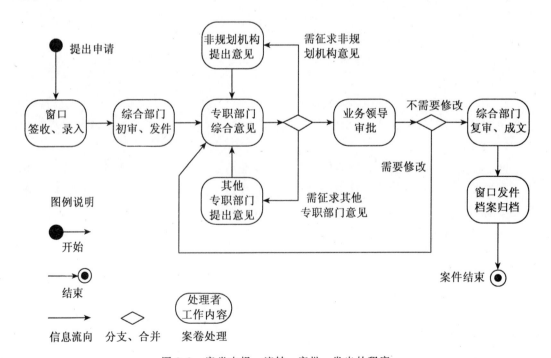

图 3.9 案卷申报、流转、审批、发出的程序

对软件开发人员来说，为管理业务，案件流转过程进行模型设计，对项目、案卷进行分类，实现对业务的定义，便于用属性来控制功能，当业务的信息有变化时，软件功能会跟着起变化，这样就减轻了维护、调整软件的工作量。

主要参考文献

1. 宋小冬，陈启宁等．苏州工业园区城市规划管理业务及信息规范化研究．载：城市规划汇刊，2000（6）：13～22
2. 冯玉琳，黄涛，倪彬．对象技术导论．北京：科学出版社，1998
3. 宋小冬．关于城市规划管理信息系统的现状及发展分析．城市规划，1998（6）：44～46
4. 张毅中，周晟，缪瀚深等．城市规划管理信息系统．北京：科学出版社，2003
5. 张书亮，闾国年等．设备设施管理地理信息系统，北京：科学出版社，2006
6. 张新长，曾广鸿，张青年．城市地理信息系统．北京：科学出版社，2001
7. 郝力．城市地理信息系统及应用．北京：电子工业出版社，2002
8. 修文群，池天河等．城市地理信息系统（GIS）．北京：北京希望电子出版社，1999
9. 陈燕申等．城市地理信息系统的系统分析与系统设计．北京：地质出版社，1999
10. 张在宏，陈惠明等．土地管理信息系统．北京：科学出版社，2005
11. 龚健雅．当代地理信息技术．北京：科学出版社，2004
12. 毕硕本，王桥，徐秀华．地理信息系统软件工程的原理与方法．北京：科学出版社，2003
13. 谭伟贤．信息工程监理：设计、施工、验收．北京：电子工业出版社，2003

第 4 章 城市规划与建设空间数据库的设计

空间数据库是地理信息系统的核心，地理信息系统的技术变革总是从空间数据库技术开始的。空间数据库具有通用数据库的基本内涵，它是大量具有相同特征的数据集的有序集合，它需要数据库管理系统进行管理，需要有数据查询与浏览界面，同时要考虑多用户访问的安全机制问题，它也遵循数据库的模式，具有物理模型、逻辑模型和概念模型。同时，由于空间数据的特点，还需要对普通数据库进行扩展，才能较好地完成对空间数据库的管理。城市规划与建设信息系统的建立，其基础离不开空间数据库的建设，空间数据库是城市各项专题信息在地理空间位置上的承载体，是城市进行规划和建设必不可少的数据支撑。

4.1 空间数据库设计概述

4.1.1 空间数据的特点

1. 空间性

空间性是空间数据最主要的特征。它描述了空间物体的位置、形态，甚至还描述物体的空间拓扑关系。例如：描述一条河流，一般数据侧重于河流的流域面积、水流量、枯水期，而空间数据则侧重于描述河流的位置、长度、发源地等和空间位置有关的信息。复杂一点的还要处理河流与流域内城市间的距离、方位等空间关系。

2. 抽象性

空间数据描述的是物理和地貌特征，非常复杂，必须经过抽象处理。不同主题的空间数据库，人们所关心的内容也有差别。在不同的抽象中，同一自然地物可能会有不同的语义。如河流既可以被抽象成水系要素，又可以被抽象成行政边界，如省界、线界等。

3. 多尺度与多态性

不同观察尺度具有不同的比例尺和精度，同一地物在不同情况下会有形态差异。例如：任何城市在地理空间都占据一定范围的区域，可以被作为面状空间对象。在比例尺较小的空间数据库中，城市是作为点状空间对象来处理的。

4. 多时空性

GIS 数据具有很强的时空特性。一个 GIS 系统中的数据源既有同一时间、不同空间的数据序列，也有同一空间不同时间序列的数据。并且，GIS 会根据系统需要而采用不同的尺度对地理空间进行表达。GIS 数据由包括不同时空和不同尺度的数据源集成。

4.1.2 空间数据库设计的概念

数据库设计就是把现实世界中一定范围内存在着的应用处理和数据抽象成一个数据库

的具体结构的过程。具体地讲，就是对于一个给定的应用环境，提供一个确定最优的数据模型与处理模式的逻辑设计，以及一个确定数据库存储结构与存取方法的物理设计，建立能反映现实世界信息的关联，满足用户要求，能被某个数据库管理系统所接受。

数据库设计通常包括：制定整个数据库的使用目的和目标。分析和评价各种设计方案和初期试验，了解数据库使用的目的，了解目前存在的问题和制约的因素，然后制定出各种可行性方案，测试各种方案，根据测试的结果来计划总体数据库实施方案。

空间数据库的设计需要更多的考虑，因为空间数据有矢量和栅格之分，各种数据又同时有空间和属性的特征，有时还有时间上的信息特征，各种特征的信息可能要用不同的结构来表达。各类数据的开发可能使用不同的 GIS 软件来完成，数据格式也各不相同，一个数据库可能要求容纳各种各样的数据类型和格式。如何有机地将这些因素考虑结合起来，也是一个空间数据库设计成功与否的关键因素之一。空间数据库的设计应该考虑数据的特征，又兼顾应用目的，仅依据数据特征来进行空间数据库设计的方法会忽略用户如何使用这些数据的部分，所以，应按照应用目的来进行空间数据库设计，使得设计出的数据库既充分利用技术上的优势，又兼顾用户的应用目的。

4.1.3 空间数据设计的目标

作为一个应用性极强的系统，城市规划与建设空间数据库的设计要达到以下目标。

1. 满足用户要求

空间数据库的设计必须充分理解用户各方面的要求与约束条件，尽可能精确地定义系统的需求。

2. 良好的数据库性能

空间数据库性能包含多方面的内容，在数据库存储方面既要考虑数据的存储效率，又要顾及其存取效率；在应用方面，不仅要满足当前应用的需要，还能满足一个时期内的需求；在系统方面，当软件环境改变时，容易修改和移植。另外，要有较强的安全保护性能。

3. 对现实世界模拟的精确程度

空间数据库通过数据模型来模拟现实世界的信息类别与信息之间的联系。模拟显示世界的精确程度取决于两方面的因素：一是所用数据模型的特性，二是数据库设计质量。能够精确描述现实世界的关键还在于数据库设计者的能力和水平。为了提高设计质量，必须充分理解用户要求，掌握系统环境，利用良好的软件工程规范和工具，充分发挥数据库管理系统的特点。

4. 能被某个数据库管理系统接受

空间数据库设计的最终结果是确定数据库管理支持下能运行的数据模型和处理模型，建立起可用、有效的数据库，因此，在设计中必须了解数据库管理系统的主要功能和组成，主要包括这几个功能：数据库定义功能、数据库管理功能、数据库维护功能、数据库通信功能。

4.1.4 空间数据的分层组织

在空间数据库的逻辑设计中，往往将不同类，不同级的地理要素进行分层存放，每一层存放一种专题或一类信息。按照用户一定的需求或标准把某些地理要素组合在一起成为图层，它表示地理特征以及描述这些特征的属性的逻辑意义上的集合。在同一层信息中，数据一般具有相同的几何特征和相同的属性特征。

对空间数据进行分层管理，能提高数据的管理效率，便于数据的二次开发与综合利用，实现资源共享。同时，它也是满足多用户不同需要的有效手段，各用户可以根据自己的需要，将不同内容的图层进行分离、组合和叠加，形成自己需要的专题图。

空间数据分层可以按专题、时间、垂直高度等方式来划分。按专题分层就是每层对应一个专题，包含一种或几种不同的信息。专题分层就是根据一定的目的和分类指标对地理要素进行分类，按类设层，每类作为一个图层，对每一个图层赋予一个图层名。分类可以从性质、用途、形状、尺度、色彩等5个方面的因素考虑。按时间序列分层则可以从不同时间或时期进行划分，时间分层便于对数据的动态管理，特别是对历史数据的管理。按垂直高度划分是以地面不同高层来分层，这种分层从二维转化为三维，便于分析空间数据的垂向变化，从立体角度去认识事物的构成。

空间数据分层要考虑如下一些问题：

（1）数据具有同样的特性，也可以说是具有相同的属性信息。

（2）按要素类型分层，性质相同或相近的要素应放在同一层。

（3）即使是同一类型的数据，有时其属性特征也不相同，所以应该分层存储。

（4）分层时要考虑数据与数据之间的关系，如哪些数据有公共边，哪些数据之间有隶属关系等。很多数据之间都具有共同或重叠的部分，即多重属性的问题，这些因素都将影响层的设置。

（5）分层时要考虑数据与功能的关系，如哪些数据经常在一起使用，哪些功能是起主导作用的功能。考虑功能之间的关系，不同类型的数据由于其应用功能相同，在分析和应用时往往会同时用到，因此在设计时应反映这样的需求，可以将此类数据设计为同一专题层。例如，水系包括多边形水体（湖泊、水库等）、线状水体（河流、小溪等）和点状水体（井、泉等）。由于多边形的湖泊、水库，线状的河流、小溪和点状的井、泉等在功能上有着不可分割、相互依赖的关系，在设计上可将这3种类型的数据组成同一个专题数据层。

（6）分层时应考虑更新的问题。数据库中各类数据的更新可能使用各种不同的数据源，更新一般以层为单位进行处理，在分层中应考虑将变更频繁的数据分离出来，使用不同数据源更新的数据也应分层进行存储，以便更新。

（7）比例尺的一致性。

（8）同一层数据会有同样的使用目的和方式。

（9）不同部门的数据通常应该放入不同的层，这样便于维护。

（10）数据库中需要不同级别安全处理的数据也应该单独存储。

（11）分层时应顾及数据量的大小，各层数据的数据量最好比较均衡。

（12）尽量减少冗余数据。

4.2 城市规划与建设空间数据库组织

4.2.1 基本数据源

1. 基础地图

基础地图主要包括地形图、遥感影像。地形图由测绘机构提供和更新，航空遥感影像委托专业机构实施、获取，航天影像通过专业公司购买。

2. 资源与环境

资源与环境主要包括地质、水文、水利、植被、土壤、矿产、文物、环境保护等。均由专业机构获取、更新。

3. 社会经济

社会经济主要包括政府统计部门提供的、规划部门自己收集的社会经济资料，也可包括有关法规、标准。

4. 土地使用

土地使用主要包括现状、历史状况、规划对土地使用和建设的许可，还包括土地管理中的宗地边界和权属、房产管理上的边界和权属。土地使用数据往往由规划机构组织调查、收集，如果与日常规划管理、土地房产管理相结合，则可以提高信息的详细程度，降低更新成本，缩短更新周期。

5. 市政和公共设施

市政和公共设施主要包括各种市政、交通、公用事业设施，公共服务、社会福利、防灾和救灾设施等。市政、公共设施数据往往由规划机构组织调查、收集，如果与专业机构的日常业务相结合，则可以提高信息的详细程度，降低更新成本，缩短更新周期。

6. 规划与建设编制成果

规划与建设编制成果包括各类规划成果和建设成果档案。

7. 日常业务案件

办理规划和建设审批等日常业务产生的大量卷宗和档案数据。

4.2.2 空间数据库内容

城市规划与建设空间数据库包括以下几个方面的内容（如图 4.1 所示）。

（1）城市基础地理数据库。
（2）城市基础地质数据库。
（3）城市规划成果数据库。
（4）城市规划管理数据库。
（5）其他专题属性数据库。

4.2.3 城市基础地理数据库

城市基础地理数据是指城市地表和地下的自然地理形态和社会经济概况的基础数据，需要在统一的空间数据模型基础上，建立统一的坐标参考体系，结合多分辨率的综合，实

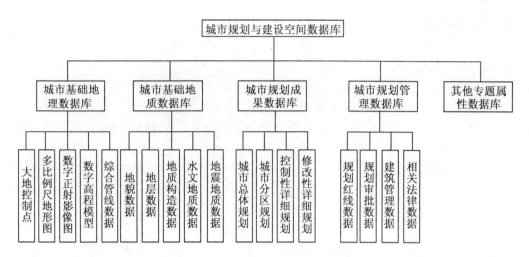

图 4.1 城市规划与建设空间数据库组织

现空间跨越、历史数据以及各种专题数据间的一致。城市地理数据库应包括以下主要内容。

1. 大地控制测点

大地控制测量为所有地理数据建立坐标提供共同的参考系统，它提供把所有地理特征联系到共同的、广泛使用的平面和高程坐标系统的方法。大地测量控制包括大地测量控制站点和相关的信息：名字、特征标识码、经纬度、绝对高度和椭球高度，以及每个站点的元数据。每个大地测量控制站点的元数据，包括描述数据、定位精度、条件以及与控制点有关的其他特征。

2. 多比例尺基础地形图

一般地，城区建立1：500、1：2000比例尺的地形图空间数据库，郊区建立1：10000、1：25000、1：50000等比例尺的地形图空间数据库。这些数据通过地面常规测绘＋扫描矢量化、内外业一体化数字采集、航空摄影测量、航天遥感等技术生产。

地形数据含有政区、居民地、交通与管网、水系及水利工程设施、地貌、地名、测量控制点等内容。它既包括以矢量结构描述的带有拓扑关系的空间信息，又包括以关系结构描述的属性信息。用数字地形信息可进行长度、面积算和各种空间分析，如最佳路径分析、缓冲区建立、图形叠加分析等。数字地形数据库全面反映数据库覆盖范围内的自然地理条件和社会经济状况，用于建设规划、资源管理、投资环境分析、商业布局等各方面，可作为人口、资源、环境、交通、报警等各专业信息系统建立的空间定位基础。用地形图数据可以制作数字或模拟地形图产品，可以制作水系、交通、政区、地名等单要素或几种要素组合的数字或模拟地形图产品。

3. 数字正射影像图

正射影像提供经过位置纠正的图像。在城市规划与建设空间数据库建设中，将通过卫星遥感图像制作正射影像图覆盖整个城市，以航空遥感图像制作正射影像覆盖主城区及热点地区。数字正射影像生产周期较短、信息丰富、直观，具有良好的可判读性和可测量性，既可直接应用于国民经济各行业，又可作为背景从中提取自然地理和社会经济信息，可用于评价其他测绘数据的精度、现势性和完整性。数字正射影像库除直接提供数字正射影像外，还可以结合数字地形数据库中的部分信息或其他相关信息，制作各种形式的数字或模拟正射影像图，可以作为有关数字或模拟测绘产品的影像背景。

4. 数字高程模型

数字高程模型（DEM）是定义在 X、Y 域离散点（规则或不规则，即 Grid 和 TIN）的以高程表达地面起伏形态的数据集合；是描述地表起伏形态特征的空间数据，是地理信息系统中进行地形分析的核心数据。它提供三维城市模型的信息，可以同地形数据库中的有关内容结合生成分层设色图、晕渲图等复合数字或模拟的专题地图产品，也是生产 DOM 的先行数据。DEM 数据库的建立为庞大的城市高程数据提供了管理、存储和维护的有效手段，将促进城市设施的数字化，为城市提供三维仿真模型。可以说，由 DEM 来建立具有真实感的建筑模型是建设数字城市不可缺少的。

5. 城市综合管线数据

作为城市的重要基础设施，地下管线是城市规划、城市建设以及城市管理的基础资料之一。城市地下管线的主要类型有：给水、排水、通讯、电力、燃气、热力、工业管道等。

综合地下管线数据库的数据内容包括空间地形数据、管线数据和管线属性数据三种类型。

（1）空间地形数据主要包括与管线相关或者相邻的基础地理数据（测量控制点、独立地物、地形地貌、道路和水系等附属设施，垣栅以及上述要素和注记等）。

（2）管线数据是指城市各种专业性管线及相关设施信息，主要包括上水、下水、电力、路灯、交警灯、电信、有线电视、军用线、煤气、液化气、热力等十多类管线的空间及属性信息。管线数据通过管线探测及调查得到。

（3）管线属性数据指地下管线需要进入数据库的相关数据，主要包括 X 坐标、Y 坐标、管线材料、附属物、地面高程、井底高程、压强/电压、管顶高程、管底高程、埋设方式、管径、埋深、电缆条数、光缆条数、总孔数、已用孔数、建设年代、权属单位、连接方向、截面积等属性。

4.2.4 城市基础地质数据库

城市基础地质数据库由地貌数据、地层数据、地质构造数据、水文地质数据、地震地质数据等组成。基于城市基础建设的基础地质数据，主要是满足城市规划和勘察设计的需要。

自然环境数据描述城市的全貌，包括河流湖泊、平均海拔、自然条件、气候气温、年平均气温、最冷月平均气温、最热月平均气温、年降水量、无霜期、日照等数据。城市规划、勘察设计和建设施工均受控于自然环境因素。

岩土工程数据包括描述存在空间的建筑物基础的埋深、基础形式、荷载或单桩承载力特征值、支护形式，降水工程、沉降观测等内容以及冻胀深度、冻胀特性、液化程度指标等。

4.2.5 城市规划成果数据库

城市规划成果数据按照城市总体发展的要求,由规划设计部门(规划设计院)进行规划编制和设计,经政府或主管部门审批通过,反映城市未来建设和发展的图形和文字资料。规划成果是城市规划管理和城市建设的主要依据,具有十分重要的地位和作用。

城市规划成果数据库包括总体规划、分区规划、控制性详细规划和修建性详细规划,它们之间具有一定的层次关系。总体规划是从宏观的角度确定城市的规模、性质以及每一块用地的性质;分区规划是在总体规划的指导下,对城市用地的性质进一步划分,确定用地性质、建筑密度、容积率、绿地率、人口容量等控制指标;控制性详细规划对城市建设用地做出更为详细的控制指标,包括开发强度、建筑形式风格、建筑高度、配套设施、出入方位等指标,直接指导城市建设;修建性详细规划是按照控制性详细规划的控制指标制定具体建设方案,包括用地环境、景观、建筑式样和层数等。

4.2.6 城市规划管理数据库

城市规划管理数据库包括规划红线数据、规划审批数据、建筑管理数据和有关法律规范数据。

规划红线数据有:道路红线、建设用地界线、河道蓝线、城市绿地绿线、保护建筑紫线以及其他规划控制线、高压走廊控制线、地铁隧道、微波通道、机场净空范围等。

规划审批数据是指规划主管部门在规划审批过程中产生的数据,具体包括规划定点数据、规划选址数据、"两证一书"、规划报建数据以及规划业务办公流程产生的数据等。

建筑管理数据主要指报建建筑的平面图、立面图、效果图等。

4.2.7 其他专题属性数据库

在城市规划与建设空间数据库基础上,还需要由各专业部门添加专题应用数据,这些专题数据可以融合和集成,为各级组织和部门的应用和决策提供支持,为各学科研究提供所需专题信息。这些数据包括自然资源数据(例如土壤、植被、水资源、矿产资源)、能源数据、生态环境数据、公用设施数据、人口数据和社会经济数据等。这些数据存储在分散的空间信息资源网络的节点上。

专题数据还包括同一专题的不同历史时期的数据,这些数据组成专业部门的本地空间数据库。这些专题数据可以提供建立决策支持系统所需的信息资源。

4.3 城市规划与建设基础地理数据库设计

4.3.1 空间数据库管理模式

目前,空间数据库的管理主要采用两种模式。第一种模式是空间数据用文件系统管理和属性数据用关系数据库管理;第二种则采用关系数据库同时管理空间和属性数据。

从目前发展趋势看,城市基础空间数据库的建设一般采用 ESRI 的 GeoDatabase 数据模型,在大型关系数据库 Oracle 中使用连续无缝的方式,统一存储空间及其属性数据,其优越性如下：

1. 海量、大范围连续空间数据的管理

整个城市基础地理信息数据库建成后，覆盖整个市域范围，图幅数量很大，一般来说数据量将超过 TB 级。采用 GeoDatabase 数据模型，可以有效地解决海量、大范围连续空间数据的管理问题

2. 多尺度、多种空间数据类型的集成化管理

基础空间数据库包括了 DLG、DEM、DOM、DRG、地名、元数据等多种类型数据。各种比例尺的数据库之间、各种类型的数据库之间都存在紧密的联系，进行集成化管理，形成统一的数据库，实现多尺度、异构数据库一体化、协同方式的维护管理，保证数据库管理的高效性、方便性和数据的一致性。

3. 跨平台的网络数据库管理

采用真正具有 Client／Server 结构的网络数据库管理系统，如 ArcSDE 等该方式采用 TCP/IP 面向消息的通信协议，尽可能地将空间数据放在 GIS 应用服务器上，这有助于减少网络传输量，从而显著地改善数据管理的效率。还可以建立跨平台的分布式网络数据库，进行集中或分布管理。

4. 数据库的安全机制

通过关系数据库较完善的安全机制，提供数据库访问权限控制，以及进行数据库的备份与恢复操作，保障基础地理信息数据库的安全。

4.3.2 空间参考系的选择

建立地球表面物体的空间位置与二维平面上坐标的关系需要选择和确定空间参考系。它包括平面坐标系统、高程基准、地图投影等几项内容，是空间数据库必需的重要特征之一。选择合适的空间参考系，可以使数据更加准确，减少应用过程中的坐标转换工作，提高数据应用的方便性。

1. 平面坐标系

目前，城市基础空间信息主要采用的坐标系有：1954 北京坐标系、1980 西安坐标系、地方独立坐标系。地方独立坐标系统适合于局部小范围地区。1954 北京坐标系是早期的国家基本比例尺地形图所使用的平面坐标系统。在 20 世纪 80 年代，测绘部门建立了更加适合于我国的新的平面坐标系统，即 1980 西安坐标系，这是目前国家基础测绘采用的法定平面坐标系，因此，应尽可能采用 1980 西安坐标作为城市基础空间信息的空间参考基准。

2. 高程基准

高程基准是用于确定陆地上地面物体的海拔高程的起算基准面。同平面坐标系一样，目前，城市基础空间信息主要采用的高程系统有 56 黄海高程系、85 国家高程系以及地方高程系。85 国家高程基准是我国当前的法定基准，因此，应尽可能采用 85 高程系作为城市基础空间信息的高程基准。

4.3.3 基础地理数据库设计

空间数据库采用连续无缝的 GeoDatabase 数据模型，通过 ArcSDE 在 Oracle 或

SQLServer 中统一集中存储矢量数据集与栅格数据集。

在每一个 GeoDatabase 中可以包含 Feature Dataset（Raster Dataset）和 Feature Class（Raster）两种数据结构，Feature Dataset 是共享同一空间参考的 Feature Class 的要素结合。Feature Class 是独立的要素集合，用来存放同一种空间实体。Feature Class 可以是 Feature Dataset 的子集，也可以作为一个独立的要素。

基础地理信息数据库按照数据内容在逻辑上进行分类组织和管理，并映射到 GeoDatabase 的物理数据模型，以满足数据处理、组织、管理、应用、共享以及系统性能的要求。根据基础地理信息数据的逻辑结构和 GeoDatabase 的数据模型，空间数据库的逻辑层次结构划为五级：总库——分库——子库——逻辑层——物理层，并分别给每一级的每类数据赋予相应的命名空间。逻辑层、物理层的命名空间则直接对应于 GeoDatabase 中实际 Feature Dataset、Feature Class 的名称。每级命名空间的命名按照"父类命名空间＋下划线＋当前数据集标识"的规则进行，从而构成一个在整个城市规划与建设信息共享平台中保持唯一的命名标识。

1. 总库

总库是基础地理信息数据库逻辑上的命名空间分配的起点，命名空间为 JC（基础），按照命名空间的命名规则，其下级命名空间的命名均要以本命名空间 JC 作为前缀。

2. 分库

总库下按照数据的形式划分为分库，其具体类型与命名空间如表 4.1 所示。

表 4.1　　　　　　　　　　　数据类型与命名空间

名　　称	命名空间
控制测量成果库	JC＿CP
DLG（数字线划图）数据库	JC＿DLG
DOM（正射影像图）数据库	JC＿DOM
DEM（数字高程模型）数据库	JC＿DEM
DRG（数字栅格图）数据库	JC＿DRG
地名库	JC＿DM
综合管线库	JC＿GX
三维景观库	JC＿3D
城市地质库	JC＿DZ
专题图	JC＿ZT

3. 子库

分库中的各类数据按照比例尺等级可进一步划分为子库，其中 4D、地名数据子库较多，涵盖了从 1∶500 到 1∶25 万等较完整的比例尺体系。按比例尺划分的子库及其命名空间如表 4.2 所示。

表 4.2　　　　　　　　　按比例尺划分的子库及其命名空间

分库名称	子库（比例尺）	命名空间	备注
DLG 数据库	1∶500（1000）	JC_DLG_5H	FeatureDataset
	1∶2000	JC_DLG_2K	FeatureDataset
	1∶5000	JC_DLG_5K	FeatureDataset
	1∶1万	JC_DLG_1W	FeatureDataset
	1∶5万	JC_DLG_5W	FeatureDataset
	1∶25万	JC_DLG_25W	FeatureDataset
地名数据库	1∶500（1000）	JC_DM_5H	FeatureDataset
	1∶2000	JC_DM_2K	FeatureDataset
	1∶5000	JC_DM_5K	FeatureDataset
	1∶1万	JC_DM_1W	FeatureDataset
	1∶5万	JC_DM_5W	FeatureDataset
	1∶25万	JC_DM_25W	FeatureDataset
DOM 数据库	1∶2000	JC_DOM_2K	RasterDataset
	1∶5000	JC_DOM_5K	RasterDataset
	1∶1万	JC_DOM_1W	RasterDataset
	1∶5万	JC_DOM_5W	RasterDataset
	1∶25万	JC_DOM_25W	RasterDataset
DEM 数据库	1∶500（1000）	JC_DEM_5H	RasterDataset
	1∶2000	JC_DEM_2K	RasterDataset
	1∶5000	JC_DEM_5K	RasterDataset
	1∶1万	JC_DEM_1W	RasterDataset
	1∶5万	JC_DEM_5W	RasterDataset
	1∶25万	JC_DEM_25W	RasterDataset
DRG 数据库	1∶500（1000）	JC_DRG_5H	RasterDataset
	1∶2000	JC_DRG_2K	RasterDataset
	1∶5000	JC_DRG_5K	RasterDataset
	1∶1万	JC_DRG_1W	RasterDataset
	1∶5万	JC_DRG_5W	RasterDataset
	1∶25万	JC_DRG_25W	RasterDataset
综合管线数据库	1∶500	JC_GX_5H	FeatureDataset
三维景观数据库	1∶500	JC_3D_5H	FeatureDataset

4. 逻辑层

对于矢量数据集，子库下面可以再进一步按国家的分类标准细分为逻辑层，逻辑层同样拥有自己的唯一命名空间，但逻辑层与 GeoDatabase 数据模型没有直接映射关系。

如子库 1∶500（数字线划图）数据库，依据地形图数据分类标准，可按照测量控制点、境界、水系、交通、居民地、地貌、植被等类别进行分类并赋予命名空间，如表 4.3 所示。

表 4.3　　　　　　　　　　　　　　要素分类

类　　别	命名空间	备注
测量控制点	JC＿DLG＿5H＿KZ	
境界	JC＿DLG＿5H＿JJ	
水系	JC＿DLG＿5H＿SX	
交通	JC＿DLG＿5H＿JT	
居民地	JC＿DLG＿5H＿JM	
地貌	JC＿DLG＿5H＿DM	
植被	JC＿DLG＿5H＿ZB	
…		

5. 物理层

逻辑层可以按照具体的图层定义下级物理层，物理层的命名空间直接与 GeoDatabase 的 Feature Class 对应。Feature Class 的名字应与物理层的命名空间严格保持一致，以便于数据的识别与管理。

同样以 1∶500（数字线划图）数据库为例，依据地形图数据分类标准，其分层及命名空间定义如表 4.4 所示。

表 4.4　　　　　　　　　　　　分层及命名空间定义

逻辑层	物理层	命名空间
测量控制点	点层	JC＿DLG＿5H＿KZ＿POINT
	注记层	JC＿DLG＿5H＿KZ＿TEXT
境界	线层	JC＿DLG＿5H＿JJ＿LINE
	面层	JC＿DLG＿5H＿JJ＿POLY
水系	点层	JC＿DLG＿5H＿SX＿POINT
	线层	JC＿DLG＿5H＿SX＿LINE
	面层	JC＿DLG＿5H＿SX＿POLY

续表

逻辑层	物理层	命名空间
交通	点层	JC_DLG_5H_JT_POINT
	线层	JC_DLG_5H_JT_LINE
居民地	点层	JC_DLG_5H_JM_POINT
	线层	JC_DLG_5H_JM_LINE
	面层	JC_DLG_5H_JM_POLY
地貌	点层	JC_DLG_5H_DM_POINT
	线层	JC_DLG_5H_DM_LINE
	面层	JC_DLG_5H_DM_POLY
植被	点层	JC_DLG_5H_ZB_POINT
	线层	JC_DLG_5H_ZB_LINE
	面层	JC_DLG_5H_ZB_POLY
…		

4.3.4 元数据库设计

元数据库储存了基础地理信息数据库中所有相关数据的详细描述信息，是基础地理信息数据利用与共享的重要检索信息源。按照基础地理信息数据库中数据的分类情况，可以将元数据分成多级进行组织和管理。

1. 元数据层次结构

在地理空间数据的数据集描述（元数据）中，由于空间数据集具有继承关系，制订数据集元数据标准时，一般按数据集系列元数据、数据集元数据、要素类型和要素实例元数据等几个层次加以描述。

综合减少数据冗余和实际可操作性两方面的因素考虑，城市基础地理信息系统的空间数据元数据分为三个层次：数据集元数据（一级元数据）、图幅级元数据（二级元数据）和要素实体元数据（三级元数据）

对于 DLG 数字线划图、DOM 数字正射影像图、DEM 数据高程模型、DRG 数字栅格图、综合地下管网、地名信息六种类型的数据，传统上它们是按照地形图的标准分幅来生产和保存的。在数据生产中，对于空间数据的存储方式采用地形图的标准分幅；而在空间数据管理系统应用时，空间数据是采用全市范围无缝拼接的方式保存。所以，对于这六类数据，一级元数据可以定在特定比例尺地图一级，二级元数据为图幅级。

2. 元数据命名空间

元数据命名空间可以用来唯一标识某类数据的某一级别的元数据集合，一级、二级、三级元数据的命名空间可以映射到对应的元数据库实体。

按照数据大类，元数据库在逻辑上可分为若干个子库，如表 4.5 所示。

表 4.5　　　　　　　　　　　元数据子库的划分

名　称	命名空间	备　注
DLG（数字线划图）元数据库	JC_MD_DLG	
DOM（正射影像图）元数据库	JC_MD_DOM	
DEM（数字高程模型）元数据库	JC_MD_DEM	
DRG（数字栅格图）元数据库	JC_MD_DRG	
地名元数据库	JC_MD_DM	
综合管线元数据库	JC_MD_GX	
三维景观元数据库	JC_MD_3D	

3．元数据的内容

1) 一级元数据

它是对每一种数据类型的总体描述，又分比例尺不同单独进行定义。可分为编目信息、数据集所属项目标识信息、范围信息、数据集内容信息、限制信息、数据志说明信息、发行信息和空间元数据参考信息等子集。每个子集一般所包含的元素如下：

（1）编目信息。是关于本数据集的基本信息，包括数据集中英文全称和简称、版本、系列名、出版系列标识、出版日期等。

（2）数据集所属项目标识信息。是关于数据集所属项目的情况信息，包括项目名称和类型、负责单位基本信息等。

（3）数据集内容信息。是关于数据集内容的信息，包括数据摘要、数据目的、进展、专题名称、关键词等。

（4）限制信息。是关于数据集使用条件的说明，包括访问限制和使用限制信息。

（5）数据志说明信息。包括质量说明、数据表示类型、数据项说明、空间参照系统类型等。

（6）发行信息。包括发行单位名称、发行格式、发行介质、数据量、网上发行地址、定价等。

（7）空间元数据参考信息。是有关空间元数据当前现状及其负责部门的信息，包括空间元数据级别、空间元数据负责单位和负责人、联系方式等信息。用户通过这些内容可以了解所使用的描述方法的实时性等信息，加深对数据集内容的理解。

2) 二级元数据

它是对数据库中各图幅（数据块）内容的总体描述，用于详细查询图幅情况，使用户能够了解图幅是否满足其使用要求。每个图幅有一个二级空间元数据，它分为标识信息、图幅范围信息、空间参考系信息、数据集继承信息、数据质量（数据精度、数据评价）信息、产品发行信息等子集，每个子集包含的元素如下：

（1）标识信息。是关于基础地理信息数据库图幅的基本信息。描述了产品名称、图名、图号、比例尺、等高距、生产日期、更新日期、版本、出版日期、数据量、数据格式、密级等信息，用户可以根据这些信息对数据库图幅有一个总体了解。

(2) 图幅（数据块）范围信息。是关于图幅（数据块）所在范围的信息。它描述图廓（数据块）角点经度、纬度范围和四个图廓角点的 X、Y 坐标。

(3) 空间参考系信息。是关于数据集中坐标的参考框架以及编码方式的描述，是反映现实世界与地理数字世界之间的通道，如地理标识码参照系统、高程系统名、高程基准、地图投影名称以及大地模型等。通过空间参照系信息，可以知道地理实体转换成数字对象的过程以及各相关的计算参数，使数字信息成为可以度量和决策的依据。

(4) 数据集继承信息。是建立数据集时所涉及的有关事件、参数、数据源等信息，以及负责这些数据集的组织机构信息。例如一幅 1∶500 DLG 数据的获得采用了哪些数据源、原始资料情况、数据采集方法及仪器、图幅接边情况、更新情况等，通过这部分信息可以对建立数据库的中间过程有详细的描述，使用户对数据集的建立过程比较清晰。

(5) 数据质量（数据精度、数据评价）信息。是对数据集质量进行总体评价的信息。通过这部分内容，用户可以获得有关数据集的几何精度和属性精度等方面的信息，也可以了解数据集在逻辑上是否一致和完备，这是用户判断数据集是否满足需求的主要依据。

(6) 产品发行信息。是关于数据集发行及其获取方法的信息，如发行部门名称、联系地址、产品描述等。通过发行信息，用户了解到数据集在哪里、怎样获得、获取介质和产品价格等信息。

图幅级空间元数据参照《中华人民共和国测绘行业标准——基础地理信息数字产品元数据》（CH/T 1007—2001）来确定空间元数据项，不同类型的数据库包含的项存在差异。

元数据库的设计如表 4.6 所示。

表 4.6　　　　　　　　　　　数据集元数据设计表

序号	字段名称	字段中文名称	字段类型	是否为空
1	Set_NAME	数据集名称	VARCHAR2 (50)	NO
2	Area	面积	NUMBER (14, 4)	NO
3	DATA_NAME	数据名称	VARCHAR2 (50)	NO
4	DATA_NO	数据代号	VARCHAR2 (50)	NO
5	SCALE	比例尺分母	NUMBER (10)	NO
6	SW_X	西南角点 X 坐标	NUMBER (14, 4)	NO
7	SW_Y	西南角点 Y 坐标	NUMBER (14, 4)	NO
8	NW_X	西北角点 X 坐标	NUMBER (14, 4)	NO
9	NW_Y	西北角点 Y 坐标	NUMBER (14, 4)	NO
10	NE_X	东北角点 X 坐标	NUMBER (14, 4)	NO
11	NE_Y	东北角点 Y 坐标	NUMBER (14, 4)	NO
12	SE_X	东南角点 X 坐标	NUMBER (14, 4)	NO
13	SE_Y	东南角点 Y 坐标	NUMBER (14, 4)	NO

续表

序号	字段名称	字段中文名称	字段类型	是否为空
14	DATA_QUAN	数据量	VARCHAR2(50)	YES
15	DATA_FORM	数据格式	VARCHAR2(50)	NO
16	P_SYS	平面坐标系	VARCHAR2(50)	NO
17	H_SYS	高程基准	VARCHAR2(50)	NO
18	CONT_INT	等高距	NUMBER(12,6)	YES
19	SYM_NO	图式及编号	VARCHAR2(50)	YES
20	STD_NO	规范及编号	VARCHAR2(50)	YES
21	CODE_NO	分类编码及编号	VARCHAR2(50)	YES
22	DATA_S	数据源	VARCHAR2(50)	YES
23	PRD_METHOD_INST	数据采集方法及仪器	VARCHAR2(30)	YES
24	PHOTO_NO	航片编号	VARCHAR2(50)	YES
25	PHOTO_SCALE	航摄比例尺分母	NUMBER(10)	YES
26	FLY_H	航高	NUMBER(10)	YES
27	CAM_F	航摄仪焦距	VARCHAR2(50)	YES
28	CAM_MODEL	航摄仪型号	VARCHAR2(50)	YES
29	PHOTOGRAPH_DEPT	航摄单位	VARCHAR2(50)	YES
30	PHOTOGRAPH_D	航摄日期	DATE	YES
31	RESOLUTION	影像分辨率	VARCHAR2(50)	YES
32	COLOR	影像色彩	VARCHAR2(50)	YES
33	ANNO_DATE	调绘日期	DATE	YES
34	COLL_D	数据采集日期	DATE	YES
35	REV_D	数据更新日期	DATE	YES
36	REV_FEATURE	更新要素名称	VARCHAR2(50)	YES
37	REV_DATA_S	更新资料源	VARCHAR2(50)	YES
38	REV_METHOD_INST	更新数据方法及仪器	VARCHAR2(50)	YES
39	PRD_DEPT	生产单位名称	VARCHAR2(50)	NO
40	PRD_D	生产日期	DATE	NO
41	ASSIST_PRD_DEPT	协作单位名称	VARCHAR2(50)	YES
42	REV_DEPT	更新单位名称	VARCHAR2(50)	YES
43	REV_D	更新日期	DATE	YES
44	P_MSE	平面位置中误差	NUMBER(12,6)	NO

续表

序号	字段名称	字段中文名称	字段类型	是否为空
45	H_MSE	高程中误差	NUMBER (12, 6)	NO
46	ATTR_PREC	属性精度	VARCHAR2 (50)	NO
47	LOGIC	逻辑一致性	VARCHAR2 (50)	YES
48	INTEGRALITY	完整性	VARCHAR2 (50)	YES
49	JOIN_QUAL	接边质量评价	VARCHAR2 (50)	NO
50	Q_SCORE	结论总分	NUMBER (5, 2)	NO
51	Q_COMMENT	数据质量总评价	VARCHAR2 (50)	NO
52	Q_CHECK_DEPT	数据质量检验评价单位	VARCHAR2 (50)	NO
53	Q_CHECK_D	数据质量评检日期	DATE	NO
54	KEYWORD	关键字	VARCHAR2 (255)	YES
55	DATA_PRD_D	数据产生时间	DATE	YES
56	SECRECY	密级	VARCHAR2 (10)	NO

4.4 城市规划成果数据库设计

城市规划成果数据库以控制性详细规划（规划基本图则）为核心内容，针对城市规划的不同层次，分别建立规划成果和GIS数据库。具体而言，规划成果数据库包括不同时期的总体规划成果数据库、总体规划成果GIS数据库、分区规划成果数据库、分区规划成果GIS数据库、控制性详细规划成果数据库、控制性详细规划成果GIS数据库、修建性详细规划成果数据库、修建性详细规划成果GIS数据库、专项规划成果数据库、专项规划成果GIS数据库。除此之外，规划成果符号库的设计也必须考虑在内。

这些数据库之间既有一定的独立性又相互联系，同时，在流程上与规划管理办公自动化系统、行政办公自动化系统、规划网站相互关联。为了向规划管理办公自动化系统、行政办公自动化系统、规划网站等提供高效的图形化产品浏览服务，需要在数据库设计的时候考虑数据库设计的合理性，要合理地分配数据的物理存储空间。另外，还需要在数据库系统的运行过程中对数据库的内存分配、参数等进行必要的调整。

4.4.1 城市规划成果数据库的组成

1. 总体规划成果数据库

总体规划编制成果数据库主要存储城市总体规划文本和规划说明，主要包括城市规划的依据、城市规划的基本对策、城市发展的性质等内容，总体规划涉及的各项专项规划的相关文本也存储于该数据库中。除此之外，城市规划设计三维动态显示、影像图片资料也存储在该数据库中。

2. 总体规划成果 GIS 数据库

总体规划成果 GIS 数据库主要存储城市规划的主要图纸,例如市域城镇分布现状图、城市现状图、市城镇体系规划图、城市总体规划图、郊区规划图等。

3. 分区规划成果数据库

分区规划成果数据库主要存储分区规划文本和规划说明,涉及分区规划总则、分区土地利用原则及地段划分、分区用地平衡表、道路规划红线位置及控制点坐标标高、公用设施规划等内容。该数据库也包括城市规划设计三维动态显示、影像图片资料等。

4. 分区规划成果 GIS 数据库

分区规划成果 GIS 数据库主要包括分区规划的一系列图件,如规划分区位置图、分布现状图、分区土地利用规划图、分区建筑容量规划图、道路广场规划图、各项工程管网规划图等内容。

5. 控制性详细规划成果数据库

控制性详细规划成果数据库主要存储控制性详细规划文本和规划说明,以及图片和多媒体动画数据等。规划文本涉及的内容有制定规划的依据和原则、主管部门和管理权限、建筑间距的规定、建筑物后退道路红线距离的规定、地块划分以及各地块的使用性质、规划控制原则、规划设计要点、各地块控制指标一览表等内容。

6. 控制性详细规划成果 GIS 数据库

控制性详细规划成果 GIS 数据库主要存储现有的 CAD 矢量图、扫描后的详规图、矢量化的扫描详规图等。详规的图件主要涉及位置图、用地现状图、土地使用规划图、地块划分编号图、各地块控制详规图、各项工程管线规划图(标绘各类工程管网平面位置、管径、控制点坐标和标高)等。

7. 修建性详细规划成果数据库

修建性详细规划成果数据库主要存储修建性详细规划的规划说明书,包括现状条件分析、用地布局、空间组织和景观特色要求、道路绿地系统规划、各项专业工程规划及管网综合、竖向规划等内容,并且还涉及主要技术经济指标、工程预算等相关内容。除此之外,修建性详细规划涉及的图片、多媒体信息等也保存在修建性详细规划成果数据库中。由于上述信息是以文件格式进行存储的,因此在修建性详细规划成果数据库中所保存的是该类数据的编目信息。

8. 修建性详细规划成果 GIS 数据库

修建性详细规划成果 GIS 数据库主要存储现有的 CAD 矢量图、扫描后的修规图、矢量化的扫描修建性详细规划图等。修建性详细规划的图件主要涉及规划地段位置图、用地现状图、规划总平面图、道路交通规划图、竖向规划图、各项工程管线规划图(标绘各类工程管网平面位置、管径、控制点坐标和标高)、表达规划设计意图的模型或鸟瞰图等。

9. 规划成果符号库

规划成果符号库主要存储城市规划中使用的规划图符号。规划图符号是应根据建设部有关规定、规划部门的约定及全市各级规划图的特殊表示等因素制作的相应符号。

4.4.2 城市规划成果 GIS 数据组织

空间数据统一采用 GeoDatabase 数据模型进行数据的组织。数据组织根据空间数据的逻辑结构和 GeoDatabase 的数据模型，对规划成果 GIS 数据的组织采用分层次、分区、分专题或分要素的方式来组织。按照规划的层次把数据划分为总体规划成果 GIS 数据、分区规划成果 GIS 数据、详细规划成果 GIS 数据（控制性详细规划和详细规划）、村镇规划成果 GIS 数据。分区、分专题、分要素的数据组织在不同的规划层次下组织方式是不同的。下面对规划成果 GIS 数据的组织进行详细的描述。

1. 总规成果 GIS 数据的组织结构图

总规成果 GIS 数据的组织结构图如图 4.2 所示。

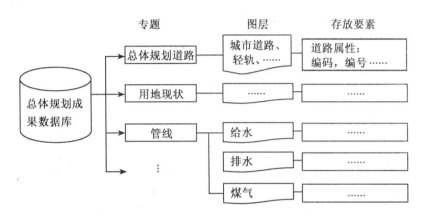

图 4.2　总体规划成果 GIS 数据的组织结构图

2. 分区规划成果 GIS 数据的组织结构图

分区规划成果 GIS 数据的组织结构图如图 4.3 所示。

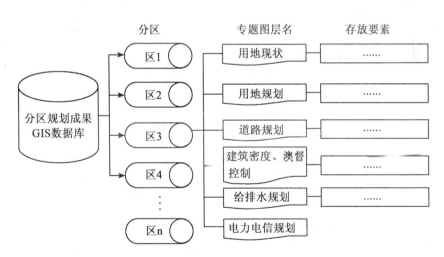

图 4.3　分区规划成果 GIS 数据的组织结构图

3. 控制性详细规划 GIS 数据的组织结构图

控制性详细规划 GIS 数据的组织结构图如图 4.4 所示。

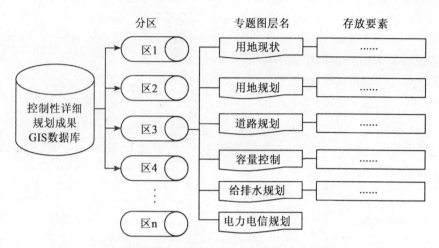

图 4.4 控制性详细规划 GIS 数据的组织结构图

4. 修建性详细规划 GIS 数据的组织结构图

修建性详细规划 GIS 数据的组织结构图如图 4.5 所示。

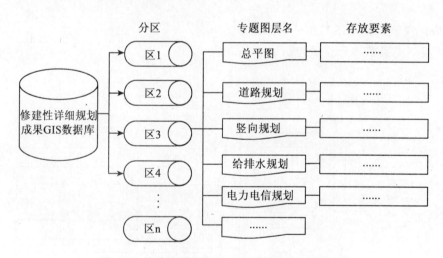

图 4.5 修建性详细规划 GIS 数据的组织结构图

4.4.3 城市规划成果 GIS 数据库设计

对于同一专题同一比例尺的矢量数据，按照图层的方式来存储和组织。参考《城市规划办法》、《城市规划办法实施细则》以及《城市用地分类与规划建设用地标准（GBJ 137—90)》，建议把城市规划要素划分为用地、道路交通、管线等十大类，每一大类又包括了若干的子类。

1. 矢量逻辑模型设计

城市规划成果矢量模型设计表如表 4.7 所示。

表 4.7　　　　　　　　城市规划成果矢量模型设计表

数据集	数据大类	包含数据类型
矢量数据集	用地	面
	建筑物/构筑物	点、面
	居住区	点、面
	道路交通	点、线、面
	广场	点、面
	工厂/工业园区	点
	公共设施	点、面
	绿地	点、线、面
	水域	面
	管线	点、线、面

2. 矢量物理组织结构设计

城市规划成果矢量物理组织结构设计见表 4.8。

表 4.8　　　　　　　　城市规划成果矢量物理组织结构设计

逻辑层		物理分层		
名称	代码	要素特征	要素内容	类型代码
用地	YD	面	居住用地，道路用地、绿化用地等	LN
建筑物/构筑物	Arch	面	大型建筑物	PY
居民地及附属设施	RES	面	居民地	PY
		点	居民地附属设施，例如城市小品	PT
道路交通及附属设施	ROA	面	交通战场，例如机场、码头等	LY
		线	交通线路	LN
		点	车站	PT
广场	Sqr	面	广场	PT
工厂/工业园区	Indus	面	传统工业园区、高新技术园区	PY
公共设施	Estab	点	市政设施、邮电设施	PT
绿地	Grn	面	公园、公共绿地等	PY
水域	HY	面	湖、河流	PY
管线	PIP	点	排水泵站	LN
		线	排水管渠、污水管渠等	PY

4.5 城市综合管线数据库设计

4.5.1 城市管线数据组织

城市地下管线虽然种类较多，但其空间结构基本一致，一般由管线点、管线段及其附属设施构成，在 GIS 中均可用点和线进行描述。从几何角度看，这些对象可以分为点、线对象两大类；按空间维数分，则有零维对象（如三通、四通、阀门等）、一维对象（如污水管，排水管，自来水管）。按照面向对象的观点，根据空间对象不同的几何特征（点、线），可以将上述实体分别设计成不同的对象类。

随着时间的推移，必然不断有管线的变更，新增，废除等事件发生，这些事件可引起管线实体空间或属性的变化，因此，将这些事件定义为修测类型，事件发生的时间定义为修测工程号。将各种数据结构单元附上时间标记（修测工程号）和事件标记（修测类型），形成时空对象类，这些类可作为设计模型的基础，如图 4.6 所示。

(1) 点（Point）。包括节点 ID（用户标识码）、节点 X 坐标值、节点 Y 坐标值、修测时间、修测类型等。

(2) 线（Line）。包括线段 ID（用户标识码）、线段起始结点 ID、线段终止结点 ID、修测时间、修测类型等。

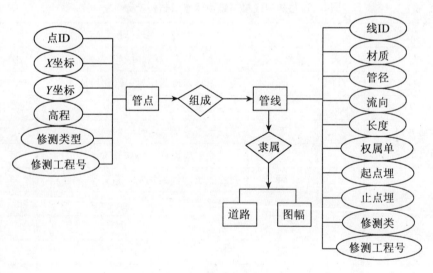

图 4.6 管线数据模型

4.5.2 城市管线数据编码

综合管线分类指对设备设施的本质特征进行的分类，是对众多行业部门的设备设施的抽象。数据分类是编码的基础，编码是将分类的结果用一种易于被计算机和人识别的符号体系表示出来的过程。编码的直接结果是代码，每一类别的信息都有一个唯一的编码，分类粒度越细，代码越长。它既是标识空间对象的标志、组织和编排地理数据的媒介，又是存储和检索的标志,是空间数据不可缺少的组成部分。

采用层次分类法对综合管线应用系统的分类如图4.7所示。最上一层是整个综合管线行业,下一层是其包含的单独的综合管线行业(如排水行业、煤气行业等),接下来是具体的设备设施的几何类型,所有的设备设施都可以被抽象为点状、线状两种类型。底层是各行业的设备名称,如三通、气源、煤气管、接线井、路灯线等。

1. 国家地形数据要素目录与分类代码编码方法

要素分类代码由4位16进制(0~F)字符构成:××××。其中:左起第一位为大类码,现有8大类,依次为:1——空间定位参考;2——水系;3——居民地与建(构)筑物;4——交通;5——管线;6——境界;7——地貌;8——植被与土质(地表覆盖)。左起第二位为中类码,在大类基础上细分成的二级要素分类。左起第三位为小类码,是在中类基础上细分形成的三级要素分类。左起第四位为子类码,为小类码的进一步细分,如表4.9所示。

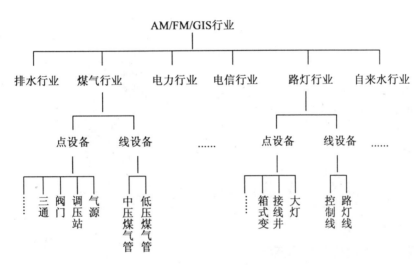

图4.7 管线分类框架

表4.9　　　　国家地形数据要素目录与分类代码大类码表

分类码	大类	1	空间定位参考	(1)	水系	(2)	植被与土质	(8)
	中类	2	测量控制点	(1)	附属设施	(7)	农用地	(1)
	小类	3	高程控制点	(2)	堤	(1)	耕地	(1)
	子类	4	水准点	(2)	一般堤	(3)	菜地	(3)

当各种比例尺的地形信息需要或者不同用户需要增加要素内容(无论是大类、中类、小类、子类)时,可在相应层次的空余代码区内进行增添,满足对各类地形要素的扩充需求。

2. 综合管线数据编码模型

通常情况下,较大比例尺的国标GIS地形数据中基本上包含了城市综合管线中的各种设备设施,因此综合管线的编码应当和基础地理数据中相应编码保持一致,这样不仅有利于行业设备设施 GIS 数据的共享,同时也能有效保证不同行业综合管线数据之间的无缝交互。

基于此,综合管线数据编码由国标地形要素分类码、扩展标识码、几何类型标识码、设备设施索引码四部分组成。国标地形要素分类码遵循国家地形数据要素目录与分类代码编码规范,为 4 位;扩展标识码主要用于综合管线行业设备设施的自定义,特别是针对在国标地形要素分类体系中没有的那些要素,一般用 2 位表示,最多可以表达 100 种不同的设备设施;几何类型标识码主要用于表示该要素的几何形态,如点、线、面等,用 2 位表示;设备设施索引码用于对个体要素的标识,其位数可根据设备设施的数据规模设定,一般为 7 位。

基于综合管线的数据编码模型,配电网综合管线系统中的某个低压架空线的编码表示例见表 4.10。

表 4.10　　　　　　　　　　电网管线编码示例表

国标地形要素分类码	扩展标识码	几何类型标识码	设备设施索引码
5121(代码依次顺序为:5 代表管线及附属设施,1 代表电力线,2 代表电力线中的配电线,1 代表该配电线为架空线)	01(低压架空线)	01(线状地物)	0000001
配电网综合管线系统中的某个低压架空线的编码:5121 01 01 0000001			

4.5.3　城市管线数据库的建立

根据管线管理信息系统的系统功能要求,需要建立各类与之相适应的数据库。一般需建立五类数据库:原始库、变更库、临时库、现状库、历史库。其中,原始库是存储每次入库的管线成果表的数据,即为最原始的数据存档;变更库是存储经过计算机监理校验后的准确的数据;临时库是记录最近一次修测的数据;现状库主要是由于现状数据使用频繁,为了方便现状数据的管理、查询统计、空间分析、工程综合等功能而建立;历史库是每次修测后备份的历史数据,其目的是实现管线数据的历史回溯。

时态空间数据和属性数据有机地结合,是建立管线信息系统时空数据库的关键,其中每个库都结合了地下管线的空间数据和属性数据。为了实现 5 类数据库的关联,我们根据地下管线的具体情况,建立了修测工程表。这是用空间数据主键字段、属性数据主键字段以及时态数据主键字段组成的表。管线系统数据库总体框架如图 4.8 所示。

在这种系统数据库的架构下,支持管线数据查询检索、空间分析、动态管理以及进行管线信息回溯的功能就变得不复杂,管线数据的动态管理流程也变得相当简单。方法是将管线管点信息(属性信息,空间信息)入原始库,进行计算机监理校验处理之后再入变更库,之后进行现状数据的历史备份,以便以后进行管线数据的历史回溯。在备份数据

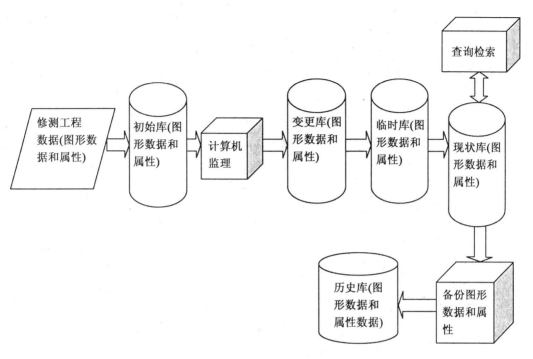

图 4.8 管线系统数据库总体框架

时，我们采用按图幅进行空间和属性数据的备份，避免数据的冗余。入现状库之前需对三种事件分别予以处理：

（1）新增事件。只需将管线数据（属性数据和空间数据）一并入现状库。

（2）变更事件。需要在现状库中把相关变更管线的空间和属性数据一并检出，加以变更处理（分为属性数据的变更和空间数据的变更），实现现状数据的更新，无需重新入库。

（3）废弃事件。需要在现状库中把相关废弃管线的空间和属性数据一并检出，进行删除处理，更新现状库。

无论仅空间数据发生变化，或仅属性数据发生变化，或空间、属性均发生变化，相应的管线数据信息就会被记录，新的修测工程生成，修测信息表更新，现状数据库更新。通过指定修测工程号，就可通过空间数据来查询分析属性数据，也可以通过属性数据来查询分析空间数据。若指定的修测工程号为过去时态，则可根据历史数据库中的修测信息表来恢复当时的管线信息，并实现由空间数据查询属性数据，或通过属性数据查询空间数据。

主要参考文献

1. 张新长，马林兵，张青年．地理信息系统数据库．北京：科学出版社，2005
2. 吴信才．地理信息系统设计与实现．北京：电子工业出版社，2003
3. 龚健雅等．当代地理信息技术．北京：科学出版社，2004
4. 孙毅中等．城市规划管理信息系统．北京：科学出版社，2004

5. 毕硕本，王桥，徐秀华．地理信息系统软件工程的原理与方法．北京：科学出版社，2003
6. 龚健雅．GIS数据库管理系统的概念与发展趋势．测绘科学，2001（9）：4～10
7. 李俊山，孙满囤，韩先锋等．数据库系统原理与设计．西安：西安交通大学出版社，2003

第 5 章 城市规划与建设地理信息系统的开发

5.1 开发的原则与任务

5.1.1 开发的目标

城市规划与建设地理信息系统的开发应根据平台的需求，严格遵循软件工程的思想，以"实用、高效、先进、可靠、安全"为基本准则，建立"规范、安全、开放"的规划管理支持信息系统，系统开发的目标是：

(1) 以完善、丰富、强大的数据信息为城市规划各级管理人员提供良好的决策基础和决策环境，减少管理人员手工、机械的重复劳动。实现城市规划与建设的科学化、规范化和自动化。

(2) 实现信息交换与共享，使城市的政府管理部门可以对城市的状况作全面的监控，并把管理信息传达到各部门。

(3) 为社会、为广大市民提供各种咨询和网络信息服务。

(4) 最终实现提高工作效率与工作质量，适应社会经济与城市建设的快速发展。

在系统设计上，应该遵循以下几方面的原则：

1. 实用性和先进性原则

平台设计充分考虑城市规划局信息化现状，充分利用和整合现有的设备和资源，优化软件体系结构，扩展信息服务与决策功能。减少浪费，避免不必要的重复投资，提供一个实用的系统设计和整合方案。在保证系统实用性的基础上，必须考虑网络技术和软件开发技术等方面的先进性，满足和适应将来业务的发展。

2. 统一性与通用性原则

在统一领导的前提下，避免低水平盲目重复开发，提高运行环境、信息资源等方面的综合利用率。在建设、运行、应用城市规划信息共享平台中，尽可能采用常用的、成熟的工具软件与技术，同时坚持不断创新，开发通用性强的技术，以满足不同的需求。

3. 可维护性原则

系统设计中应充分考虑系统的维护工作需求，系统开发过程中严格执行软件开发规范，实行软件过程控制，文档完整，程序清晰可读，使开发的系统容易维护。同时，系统在设计时，应充分考虑管理和维护的要求，设置系统管理和维护层，专门面向系统维护人员，提高系统运行的稳定性。

4. 易用性原则

系统遵照标准的用户界面设计规范，提供人性化的系统操作，界面友好，用户易于掌握和操作，重要功能或操作提供导航和帮助功能，使了解与不了解计算机的用户都能迅速学会并熟练使用系统。在系统设计上，采用 C/S 为核心，充分利用 C/S 体系架构的优势，以及人们对 B/S（B/A/S）结构的钟情，将业务层、决策层与应用系统相分离，充分考虑规划业务人员与管理决策人员的操作习惯，通过人性化界面提供业务处理。

5. 可扩展性原则

平台设计规模应是在系统建设的不同阶段都有不同的产品来对应，并为用户将来研发新的应用系统预留接口，以满足各部门不同阶段、不同应用的需求，以及未来基础地理信息的全面共享和社会化服务。在设计上，以组件化形式为主，为其他系统预留接口，且便于系统的扩展。

5.1.2 开发的任务

在确定了系统的开发目标后，需要对系统的软件行为、逻辑构成、运作环境等进行定义和表述，明确开发的任务；按照软件工程方法，进行系统的开发建设，并向用户提供系统建设开发与维护所必需的技术文档。具体包括以下内容：

1. 系统的需求调查与分析

根据当地城市规划局的实际情况，进行数据调查分析；分析并规范现行业务流程和数据表格及图件；确定系统设计的总目标、开发策略等。

2. 系统总体技术设计

根据业务流程分析，确定系统的数据流程和数据构成；制定开发技术路线，确定系统功能结构；建立系统的功能数据调用表。

3. 系统数据库的设计

提出空间数据库的数据分类与分层方案、编码方案；建立数据字典；设计提出地形图、规划图及其他专题图的数字化方案与技术规范；按照设计规范建立图形数据库；进行文本数据库设计，并建立相应的数据字典。

4. 软件设计，代码编写，系统测试

针对系统功能需求，分析确定软件开发平台；提出网络设计方案及软硬件配置方案；在所选定的软件平台上完成系统的软件开发及测试。

5. 系统开发建设技术文档的归纳整理

包括软件设计说明、使用手册、测试文档及各类技术规范，并制定人员培训计划及系统运行管理规定。

6. 系统的试运行及验收

在试运行期间进行功能测试，并根据用户反馈意见对系统界面、专业用词及局部功能进行调整与完善。

7. 系统开发建设、运作和维护的经验总结

分析存在的问题和新的应用需求，确定系统进一步的建设计划。

5.1.3 与其他信息系统的不同点

与一般的地理信息系统相比，城市规划与建设地理信息系统具有以下特点：

1. 数据类型的多样性和服务对象的广泛性

城市规划与建设地理信息系统的数据包含了社会的、经济的、文化的、资源的、环境的等涉及人类社会生活各个方面的内容，表现出多样性、多时相、多层次的特点。同时，它的服务对象具有明显的广泛性特点，既可满足市政规划主管部门、有关专业部门和个人查询的需要，又能满足有关政策、市政规划管理、分析评价和规划预测等方面的要求。

2. 精度高、现势性强

城市规划与建设地理信息系统是 GIS 在大比例尺地学中的应用，它在对城市发展进行决策和处理有关突发事件（如交通事故、地下管网破损等）过程中发挥着十分重大的作用，这势必要求所采集的数据具有很高的精确度。同时，为适应城市日益发展变化的形势，系统的数据必须保持良好的现势性，以更好地服务于城市的规划工作。

3. 模型化、智能化和多功能性

城市规划与建设地理信息系统是利用现代计算机技术、信息工程技术、空间遥感技术、数学模型等来实现对现代城市进行规划和管理的现代化工具。应用这些工具，能实现对城市规划建设的分析、评价、预测和优化。这一目的和技术本身使它具有模型化、智能化和多功能的特点。

4. 严格的层次结构和高度统一的技术标准

按照城市规划不同部门的需求，系统的设计表现出从基层的基础地理信息子系统到中层的各个专题信息子系统和高层综合子系统层次分明的结构。同时，由于应用的部门众多，为保证信息共享和系统的兼容，必须有一套严格的技术标准和共同遵循的规范。

5. 系统安全性要求高

系统应具有安全的网络体系，满足国家对政府机关联网的保密管理规定，采取内、外网分离，建立防火墙、信息加密、权限设置等措施，抵御非法入侵；系统的数据要有完善的备份和恢复功能，能够在数据毁坏、丢失等情况下恢复。

5.2 系统的软件体系框架与分步实现策略

5.2.1 软件体系框架

1. 总体逻辑结构

通过对城市规划与建设地理信息系统的总体认识，结合现有的技术和资源条件，确立整个系统的设计和发展思路，得出系统的总体逻辑结构，如图 5.1 所示。

2. 网络逻辑结构

网络逻辑结构如图 5.2 所示。

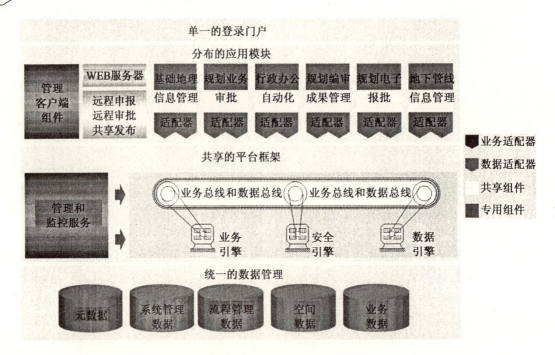

图 5.1　系统的总体逻辑结构

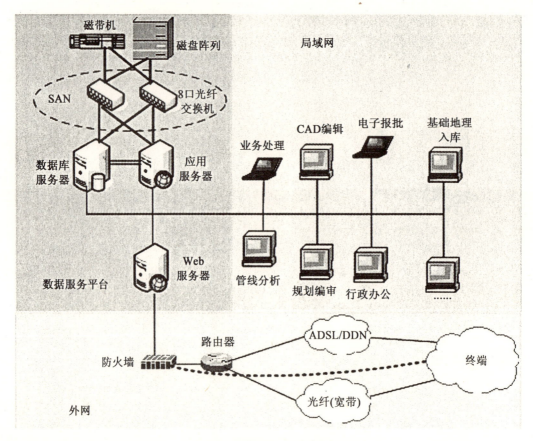

图 5.2　系统的网络逻辑结构图

3. 系统的功能体系

系统的功能体系如图 5.3 所示。

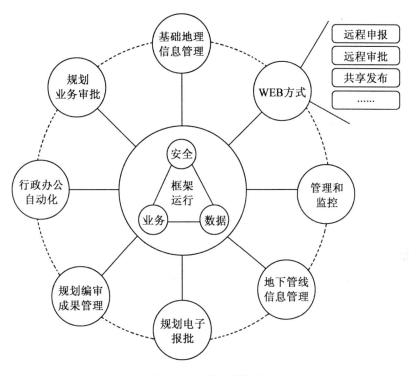

图 5.3 系统功能体系

5.2.2 建设与实施步骤

城市规划与建设地理信息系统的建设与实施步骤主要包括以下几个方面。

1. 准备阶段

准备阶段主要是进行系统的调研，初步认识系统开发的方向，并进行相关资料的收集和预处理。

2. 系统调研和需求分析阶段

系统调研和需求分析阶段是整个系统建设的工作重点和成功的基础。在这个阶段，开发方需要对现有系统的情况和系统的建设需求，进行翔实、具体的调查和研究，力求站在足够的高度上，掌握系统建设的所有材料并据此进行详尽的分析。如果调研和分析工作不够细致、认真，必然会给后期工作和整个系统带来极大隐患，造成各种浪费。另外，系统调研阶段，同时也是对城市规划局内部的组织机构、业务流程、工作职责、业务管理的进行规范化、标准化的阶段，需要花费一定时间进行认真细致的工作。

在经过详细的系统调研后，根据项目需求报告界定的工作范围和应用方案的设计思路，进一步深入细化应用方案，描述各项业务的功能，及业务流程、相关理论、运算公式、原理、业务数据、单据报表格式等。

3. 总体设计阶段

按照"总体设计，分布实施"的原则，在现状调研和需求分析的基础上，对所要建设的系统进行总体设计，内容涉及平台建设所需的标准体系、规划资源数据体系、系统规划模块及指标体系、安全保密体系、软硬件及网络设施等。

4. 系统设计阶段

根据项目需求分析和系统分析，针对具体实现中的人机界面、数据存储、任务管理等内容，运用面向对象设计技术（OOD）进行系统设计。系统设计工作包括软件界面风格、操作按钮的具体功能实现、代码的编程标准、质量检测规范、对象设计和数据库表设计等方面内容。系统设计阶段的成果将直接用于指导后期的编码和质量保障工作，是系统最终取得成功的重要保证。

5. 编码实现阶段

根据系统设计的结果，运用面向对象的方法进行程序编码（OOP），以实现系统设计的内容。编码过程就是用具体的数据结构来定义对象的属性，用具体的语言来实现服务流程图所表示的算法。在对象设计阶段形成的对象类和关系最后被转换成特殊的程序设计语言、数据库或者硬件的实现。

6. 系统测试阶段

对系统分析、系统设计、程序编码等运用面向对象的方法进行测试（OOT）。项目的测试工作贯穿项目的整个开发过程。主要包括：分析（OOA）测试、设计（OOD）测试和编码（OOP）测试，以及集成测试和系统测试，最后提交测试分析报告。

7. 交付使用阶段

完成系统的开发后，按期交给用户使用，并提交相应的软件和文档。

8. 系统试运行阶段

系统在安装完成后，用户需要一定时间进行试运行。在系统试运行过程中，发现问题，记录在《系统试运行报告》中，以便在系统终验前解决。

9. 系统验收阶段

对建成的系统按照验收步骤进行验收。验收过程中对项目的情况给予评价。

系统的建设与实施步骤如图 5.4 所示。

5.2.3 规划方案审批功能实现的策略

规划业务审批应实现的功能主要有规划选址、规划用地、工程规划管理、监察管理、图文关联功能、拨地和用地红线管理等。

系统开发采用 OA、MIS、GIS 和 CAD 的一体化集成技术策略。OA 侧重行政办公的自动化，MIS 侧重与业务审批的流程处理，GIS 侧重在空间数据的管理和分析，而 CAD 侧重空间规则图形的表示和编辑。根据规划方案审批业务的特点，需要综合运用这四方面的技术，将这四项技术有机地结合起来。对现有的办公自动化系统升级整合，使得现有的系统和新建系统实现业务上的互连互动，使业务审批人员可以充分调用规划数据资源（图形信息和审批信息）为业务审批服务，同时提供智能化的流程及流程管理、美观、便捷的表单和报表设计等。

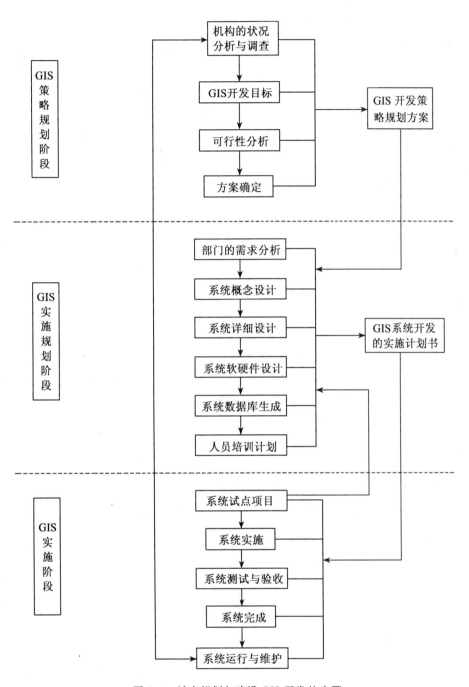

图 5.4　城市规划与建设 GIS 开发的步骤

5.3 系统集成

5.3.1 硬件平台的选择与集成

计算机硬件指标上升非常迅速,价格不断下降,应根据实际需要选择适当的性能指标,系统运行一段时间后,再根据实际需要升级和扩充,这是比较经济、合理的途径。目前,单独采购个人计算机,或简单联网,硬件的选择比较简单,若要组建复杂的网络,应考虑如下问题:

(1) 除了一般数据处理,是否满足语音、视频等多媒体应用。

(2) 是否符合 ISO、IEEE、ITUT、ANSI 等多种标准。

(3) 如果向公共互联网开放,使用的网络安全产品是否符合国家规定的要求或得到认证。

(4) 重要设备应具有较高可靠性,规模较大的网络应有应变和容错能力,并支持多用户、多进程的网络传输。

(5) 具有良好扩展性,保护已有投资。

(6) 复杂网络所选用的交换机、路由器应支持虚拟网络技术,当机构有变化时,可以不改硬件而快速重组。

(7) 是否便于集中式管理、监控和维护。

1. 服务器

系统的正常运行需要三个服务器,分别是数据服务器、应用服务器和 WEB 服务器,其中对数据服务器和应用服务器的配置要求比较高,WEB 服务器要求相对低一些。

(1) ArcSDE 空间数据库服务器配置

　　CPU:主频$\geqslant$3.2GHz;个数$\geqslant$2;二级缓存$\geqslant$2M;

　　内存:4G;

　　存储:10000rpm SCSI 硬盘,带磁盘阵列。

(2) ArcIMS 空间发布服务器配置

　　CPU:主频$\geqslant$3.2GHz;个数$\geqslant$2;二级缓存$\geqslant$2M;

　　内存:2G;

　　存储:10000rpm SCSI 硬盘,带磁盘阵列。

　　显卡:显存>64M

2. 地图工作站配置

地图工作站依据实际应用业务的需要而不同,根据 ESRI 公司提供的数据,推荐如表 5.1 GIS 桌面平台的配置。

表 5.1　　　　　　　　　　ArcInfo 和 ArcView 平台推荐

Application	Platform	Memory	SPECfp2000
ArcGIS Desktop	Intel Xeon 3200+	512	1620
ArcEngine Desktop	Intel Xeon 2400+	256	850
Terminal/Browser Clients	Pentium Pro 200+	64	50+

推荐如下配置：

ArcInfo 和 ArcGIS 桌面平台需求包括一个 Pentium 4 级别的处理器（当前的处理器是 Intel Xeon 3200+）和 1G 的物理内存和 20GB SCSI 硬盘（40GB 硬盘将为大型的工程文件提供额外的本地存储）。最小 17inch 的显示器（对于重量级用户推荐使用 20inch）。视频显示卡应该有 32MB 的显存，支持最小 1280×1024 分辨率和真彩色显示（对于 3D 用户，额外的显存将提供更高的分辨率和更好地显示效果）。平台还应该包括一个 CD-ROM，1.44MB 的软驱和 10/100Mbps 的 Ethernet 网卡。

3. 备份系统

为了保证数据的可靠性和安全性，需要有数据备份系统的支持，考虑到规划政务信息平台应用数据的重要性，建议采用 IBM 的 3583 磁带机系统，通过备份服务器和 TSM 备份软件，连接到 SAN 网络。磁带容量按磁盘容量的 2 倍左右配置。

备份设备性能参数要求见表 5.2。

表 5.2　　　　　　　　　　备份设备性能参数表

序号	项　目	技术指标要求
1	每盒磁带容量	≥200GB
2	磁带机	≥2 个
3	盒式磁带数目	≥10 盘
4	驱动程序	支持常用的各种操作系统
5	无故障时间（MTBF）	≥1000000h
6	存储技术	LTO
7	加载时间	≤37s
8	平均寻道时间	≤10ms
9	持续数据传输率	压缩数据高达 30MB/s，原始数据 15MB/s
10	总持续数据传输率	带有 6 个磁带机的情况下，可达 1482GB/h 压缩数据传输率

5.3.2　软件平台的选择与集成

1. 软件平台的选择

1）操作系统

作为网络操作系统或服务器操作系统，高性能、高可靠性和高安全性是其必备要素，尤其是日趋复杂的企业应用和 Internet 应用，对其提出了更高的要求。微软的企业级操作系统中，如果说 Windows 2000 全面继承了 NT 技术，那么 Windows Server 2003 是依据 .Net 架构对 NT 技术作了重要发展和实质性改进，凝聚了微软多年来的技术积累，并部分实现了 .Net 战略，或者说构筑了 .Net 战略中最基础的一环。Windows Server 2003 作为服务器操作系统有十分突出的内存管理、磁盘管理和线程管理性能，是一个多任务操作系统，它能够根据需要，以集中或分布的方式处理各种服务器角色。

2）开发平台

Visual Studio .NET 2003 是一个全面的开发工具，用于快速构建面向 Microsoft Windows 和 Web 并连接 Microsoft .NET 的应用程序，极大地提高了开发人员的效率。

3）GIS 平台

ESRI 公司是全球最大的 GIS 软件提供商，在国内有大量的规划管理部门采用了 ESRI 的产品。ESRI 的 ArcGIS 软件采用的是全面的、可伸缩集成的体系结构，可提供多层次的产品解决方案。ArcGIS 提供大量专业 GIS 分析功能，例如动态分段技术、缓冲区分析、叠加分析、风格分析、三维分析等。由于 ArcGIS 采用 COM 技术，任何 COM 兼容的编程语言都能用来定制和扩展 ArcGIS。因此，本系统 GIS 软件平台选用 ESRI 的 ArcGIS 系统产品。

ArcSDE 是在数据库管理系统 RDBMS 中存储和管理多用户空间数据库的通路。ArcSDE 在一个相互协作的 GIS 系统中扮演了一个重要的基础的角色。ArcSDE 结合了多用户编辑和对空间数据库的事务处理，与 ArcEditor 和 ArcInfo 紧密结合，支持对多用户空间数据库的设计、建立、编辑和共享。ArcSDE 支持 Oracle、Microsoft SQL Server、IBM DB2 和 Informix 商业关系型数据库。

ArcIMS 为 ArcGIS 系统增加了 Internet 地图服务能力。ArcIMS 的基于浏览器的 viewers 和独立运行的 ArcExplorer viewer 做为 Web 的瘦客户端成为 ArcGIS 桌面的一个补充。一个重要的新功能是所有的 ArcGIS 的桌面客户端（ArcInfo、ArcEditor、ArcView、ArcExplorer 和 ArcIMS Viewer）可以通过 Web 从 ArcIMS 服务器动态地获取矢量数据流。这些新的图层类型可以像本地数据一样完成符号化、制图、查询、编辑和分析工作。它们还可以存到本地以备以后使用。

这种跨越全球的访问和发布地理数据的能力正在改变着 GIS 的使用范围和影响力。地理数据提供商正通过 ArcIMS 发布活的地图、可下载的数据并在 Geography Network 注册地理服务。

ArcGIS 9 另一个新的开发产品是 ArcGIS Engine。这个产品面向开发者，类似于 MapObjects，但它基于 ArcObjects，可提供更丰富的功能。很多用户都使用过 ArcObjects，但不是以开发包的形式。ArcGIS Engine 包含一个更粗粒的对象。除了 Microsoft 的 .NET 外，它还支持 JAVA 开发环境，并支持各种应用开发，包括客户/服务器或独立的桌面应用。

4）三维平台

视景仿真软件主要包括三维实时建模和三维实时场景管理软件，MultiGen 软件完全符合 X/Motif 和 ANSI C 的工业标准，其数据格式 Open Flght 是逻辑化的有层次的景观描述数据库,用来通知图像生成器何时及如何渲染实时三维景观,非常精确可靠。MultiGen 强大的工具核心为 25 种不同的图像生成器提供自己的建模系统和定制的功能。先进的实时功能如等级细节、多边形删减、逻辑删减、绘制优先级、分离平面等是 Open Flight 成为最受欢迎的实时三维图像格式的原因。许多重要的 VR 开发环境都与它兼容,使其已成为事实上的工业标准。MultiGen 能转换 AliasWavefront、AutoCAD DXF、3DStudio、Photoshop image files、Open Inventor 多种数据格式,并支持 VRML 格式的输出。

Vega 是 Paradigm Simulation 公司最主要的工业软件环境,其完全符合 X/Motif 和 ANSI C 的工业标准,主要用于实时视觉模拟、虚拟现实和普通视觉应用。Vega 将先进的模拟功能和易用工具相结合。对于复杂的应用,能够提供快速、方便的建立、编辑和驱动工具。Vega 能显著地提高工作效率,同时大幅度减少源代码开发的时间。Paradigm 还提供和 Vega 紧密结合的特殊应用模块,这些模块使 Vega 很容易满足特殊模拟要求,例如航海、红外线、雷达、高级照明系统,动画人物,大面积地形数据库管理、CAD 数据输入、DIS,等等。Vega 还包括完整的 C 语言应用程序接口,为软件开发人员提供最大限度的软件控制和灵活性。Vega 支持 VRML 的输出格式。

Multigen Creator Pro 是一个功能强大、交互的三维建模平台,在它提供的"所见即所得"的建模环境中,你可以建立所期望的、优化的三维模型。其模型的 Open Flight 数据格式非常适合视景仿真的应用,现在已成为行业标准。

5) 数据库管理软件

关系型数据库平台采用 Oracle 9i 企业版,空间数据引擎采用 ESRI 的 ArcSDE。Oracle+ArcSDE 是目前世界上最成熟、最稳定的空间数据管理技术,也是城市规划与 GIS 数据库建设的主流模式。

Oracle 系统具有以下突出的特点:

(1) 支持大型数据库、多用户的高性能的事务处理。Oracle 支持大型数据库,可充分利用硬件设备。支持大量用户同时在同一数据上执行各种数据应用,保证数据的一致性。系统维护具有高的性能,Oracle 每天可连续 24 小时工作。

(2) Oracle 遵守数据存取语言、操作系统、用户接口和网络通信协议的工业标准。Oracle 是一个开发系统,保护了用户的投资。美国标准化和技术研究所(NIST)对 Oracle7 Server 进行检验,100%地与 ANSI/ISO SQL89 标准的二级相兼容。

(3) 实施安全性控制和完整性控制。Oracle 为限制各监控数据存取提供系统可靠的安全性。Oracle 实施数据完整性,为可接受的数据指定标准。

(4) 支持分布式数据库和分布处理。Oracle 为了充分利用计算机系统和网络,允许将处理分为数据库服务器和客户应用程序,所有共享的数据管理由数据库系统的计算机处理,而运行数据库应用的工作站集中于解释和显示数据。通过网络连接的计算机环境,Oracle 将存放在多台计算机上的数据组合成一个逻辑数据库,可被全部网络用户存取。分布式系统像集中式数据库一样具有透明性和数据一致性。

(5) 具有可移植性、可兼容性和可连接性。由于 Oracle 软件可在许多不同的操作系统上运行,以致在 Oracle 上所开发的应用可移植到任何操作系统,只需很少修改或不需修改。Oracle 软件同工业标准相兼容,包括许多工业标准的操作系统,所开发应用的系统可在任何操作系统上运行，可连接性是指 Oracle 允许不同类型的计算机和操作系统通过网络共享信息。

通过 ArcSDE 空间数据引擎，可实现空间数据在大型关系数据库中的存储管理。

2. 软件功能的集成

由于城市规划与建设地理信息系统涉及面非常广，涉及了 GIS、OA、DBMS 等多个方面，并不是某一个软件就可以提供所有功能，所以系统可以根据实际情况分解为几个性质不同的功能类，分别在可以集成的基础平台软件上来完成。系统必须将这些软件集成起来，为用户提供一个完整的解决方案（Total Solution）。

1) 城市规划与建设地理信息系统基础平台软件的组成

根据实际需要，城市规划与建设地理信息系统一般分为如下几个部分：

（1）基础 GIS 软件平台，主要是提供空间数据管理和处理的平台软件。

（2）数据库后台，即 DBMS。它进行结构化信息管理，或者对系统的空间数据和结构化数据等进行全面管理。

（3）办公支持组件。作为一个业务化具有办公性质的应用系统，具有办公数据处理的功能，这一部分不是 GIS 软件所能够完成的，所以需要办公组件来满足要求。当然，这部分要根据各地具体情况，看是否需求比较多。如果比较简单，可以通过自身编程或第三方控件来完成。

（4）附加软件。根据业务部门的需要，可能需要一些特别的功能，如三维显示功能，这需要其他软件来支持。当然，这些应用要尽量与上述应用能够统一，如一些 GIS 软件具有三维显示功能。

2) 多基础平台软件集成的方法

结合前面技术集成的讨论和历史发展以及当前的发展情况，多应用集成一般有如下方法：

（1）Import/Export 的文件交换法。这是通过数据集成来实现应用集成的，是一种弱集成的方法，存在比较多的弊病，对于整体系统应尽量避免采用。

（2）以公共函数库（如 DLL）和应用程序接口（API）的方式实现多应用集成。这种方式指通过应用程序提供的函数来实现应用系统的操作，从而在一个统一的编程界面下实现多应用集成。

（3）OLE 自动化集成。在 OLE 的基础上发展起来的 OLE 自动化技术，指在编程环境下，获得应用程序提供的对象在应用软件的框架下实现对应用软件的操作。这种方式比较容易实现快速二次开发的需要，得到了基于微软技术标准的软件的支持，如 AutoCAD Map、GeoMedia 等软件都支持这种开发方式。

（4）控件（Component）式集成。这种方式可以将一些软件功能作为分散的"零件"提供给用户，用户在支持控件的开发环境下根据需要组装应用系统。这种方式从理论而言是比较先进的，但是由于商业利益等问题，提供比较强大控件的软件厂商并不是很多，GIS 厂商 Intergraph 对 GeoMedia 系列产品提供了比较完整的控件集，ESRI 也推出了 ArcObjects，MapInfo 发布了 MapX。

3) 系统界面集成

对于用户而言，他们所接触的是系统所提供的界面，所以其界面的好坏直接影响到用户的使用效果和效率,特别是城市规划与建设地理信息系统所面对的一般业务人员,对其计算机水平不能要求很高,对 GIS、OA 也不会有专业了解,其界面的友好性和集成程度是至关重要的。其内部集成程度如何,这并不是用户所关心的,他们更关注界面的集成程度。所以对于用户而言,需要的是一个集成后的针对用户需要的界面(见图 5.5),即"用户模式视图"。

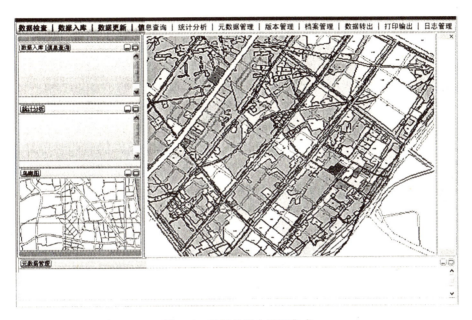

图 5.5 系统的用户界面集成

(1) 用户界面统一

无论是建立在多个基础应用软件上还是一个基础应用软件上,其系统的界面必须能够完全统一。也就是说,对于用户而言,操作系统就像在一个平台操作一样。

要保证界面的统一,在系统设计时,必须将系统的各个组成部分纳入到系统的统一框架之中,具体而言,要求达到如下目的:

①不需要用户进行界面切换。即使系统是由多个基础平台软件组成的,用户只需要通过系统主框架的菜单、按钮进入到其他应用之中,程序自动进入到相应的界面之中,用户退出其界面时能够自动回到主界面。

②保证界面的一致性。当多个独立程序集成为一个系统时,根据需要可能需要将多个界面同时并存,例如,为了使制作道路地下管线截面图的显示界面与系统主框架同时出现,需要进行如下处理:

用户操作唯一操作入口。即用户只能操作一个界面,一般指附属界面,只有退出其界面才能够操作主框架,这就相当于 Windows 窗口的 Modal 形式。当然,对于多个界面并发地需要用户交互输入信息的情况下,则可以同时操作多个窗口。

程序协调一致。允许用户操作多个并发界面,但当主界面的状态改变时,从界面能够相应地发生改变。如系统退出,则从界面自动退出;主界面最小化,则从界面也最小化等。

界面融合。这种方式指将从界面作为主界面（一般是多文档的界面）的一个子窗口而存在，当在窗口间切换时，其菜单、工具条等发生相应改变。这样，界面完成一体化，对于用户而言，就像操作一个软件。比较多的 GIS 软件中图形窗口和数据窗口切换时就类似这种方式。这种方式实现难度比较大，而且其稳定性要经过严格检测。另外，在一个基础平台上，菜单切换也是常用的，如在 AutoCAD Map 基础上开发的系统，用户需要完全的设计界面时，只要将菜单切换为 AutoCAD Map 的原有菜单就可以了。

（2）界面简洁

在整个界面设计过程中都要注意界面的简洁性，在界面集成时更要考虑这一点。用户能够很方便地达到操作的目的，也就是要尽量减少用户输入量和操作量，对于一些功能要采用参数设置和向导等形式来简化界面，引导用户。

（3）界面的针对性

作为一个日常的应用软件，其目的是满足用户的需求，而根据办公人员的业务和职位不同，其功能也具有比较大的差异。为了简化界面，减少用户误操作等，针对用户的界面是必要的。达到这个目的主要是通过菜单裁减来实现的，即隐藏或变灰部分菜单或菜单项，这项技术已经非常成熟。

5.3.3 集成测试的方法

为了保证系统的质量和可靠性，在分析、设计等各个开发阶段结束前，都需要对本阶段的成果进行严格的技术评审。但是审查不可能发现所有错误，同时在编码阶段还会产生大量错误。如果这些错误带到实际运行中去，会逐步暴露出来，影响系统的应用，甚至造成严重的经济损失、安全事故。

在系统正式交付用户运行前，需要对系统进行比较全面、彻底的检验审查，将错误控制在最小范围，不能经常出现不稳定、不可靠、运行结果不正确等事故，特别不能够存在导致数据损坏、安全失控、系统崩溃等的严重错误，这就是所谓的软件测试工作。

集成测试方法可以分为"黑盒测试"和"白盒测试"两类：

1. "黑盒测试"

指对已知系统的功能设计规格进行测试，证明每个实现了的功能是否符合要求。就软件测试来讲，黑盒测试意味着测试要在软件的接口处进行。也就是说，这种方法是把测试对象看做一个黑盒子，测试人员完全不考虑程序内部的逻辑结构和内部特性，只依据程序的需求规格说明书，检查程序的功能是否符合它的功能说明。黑盒测试主要是为了发现如下几类错误：

（1）是否有不正确或遗漏的功能？

（2）在接口上，输入能否被正确地接受？能否输出正确的结果？

（3）在接口上，错误的输入能否被发现和被纠正？

（4）是否有数据结构错误或外部信息访问错误？

（5）性能上是否能够满足要求？

（6）是否有初始化或终止性错误？

黑盒测试对系统内部的运行状况不关注，而是模拟实际工作输入数据，然后检查输出数据是否符合要求，这种方式无法遍历程序的每行代码，所以是一种不完全测试。但是这种方式测试规模、费用、时间比较好控制,所以在 UGIS 系统的确认测试、系统测试中使用。

2. "白盒测试"

又被称为结构测试或逻辑驱动测试。指已知产品的内部工作过程,可以通过测试证明每种内部操作是否符合设计规格要求,所有内部成分是否已经过检查。它是对系统的过程性细节做细致的检查,把测试对象看做一个打开的盒子,允许测试人员利用程序内部的逻辑结构和有关信息,涉及或选择测试用例,对程序所有逻辑路径进行测试,通过在不同点检查程序的状态,确定实际的状态是否与预期的状态一致。

软件人员使用白盒测试方法,主要对程序模块进行如下的检查:

(1) 对程序模块的所有独立的执行路径至少测试一次。
(2) 对所有的逻辑判定,取"真"与取"假"的两种情况也至少测试一次;
(3) 在循环的边界和运行界限内执行循环体。
(4) 测试内部数据结构的有效性。
(5) 各类错误输入情况至少测试一次,等等。

白盒测试在理论上可以发现所有可能出错的情况,但是实施起来所耗费的人力、物力、期限和资源非常大。如测试一个具有 10 次循环和 3 种逻辑路径的程序段,其不同执行路径高达 3^{10} 条。同时用户和专家深入了解程序内部结构也是不太实际的,所以这种方式主要是提供给程序员进行模块测试和联合测试。

5.4 数据库实施与测试

5.4.1 空间数据与属性数据的连接

数据主要由空间数据和属性数据组成,空间数据是指目标的位置信息数据、拓扑关系等。属性数据可分为两类:一类为纯属性数据,与空间数据几乎没有什么关系,如法规数据库、业务事件驱动监控数据等,主要用于规划土地管理部门各主要业务科室的办公业务流程的动态跟踪、记录和控制,同时,也向公众提供各种宗地项目的审批情况、通知书、协议书、统计资料等。另一类为与空间数据紧密相关的属性数据,例如宗地属性数据。

空间数据输入时虽然可以直接在图形实体上附加一个特征编码或识别符,但是这种交互式的编辑方法需输入大量复杂的属性数据,工作效率低。空间和属性数据联接的较好方法是利用专用程序自动地把属性数据与空间实体数据联接起来,此时,只要求空间实体带有唯一的标识符即可。标识符可以用手工输入,也可以由程序自动生成并与图形实体的坐标存储在一起。

空间实体的属性项目很多,一般把属于同一实体的所有数据项放在同一个记录中。记录的顺序号或某一个特征数据项作为该记录的标识符或关键字。它和图形的标识符都是空间和属性数据联接和检索的纽带。唯一性的标识符只有在特殊的计算系统中才能直接附加到图形实体中去。在多边形网络模型中,首先必须建立多边形,然后才能附加标识符。图 5.6 说明了按拓扑结构建立图形数据与属性数据完整的矢量多边形数据库的整个过程。

在 ARC/INFO 地理信息系统中,空间实体与属性的联接是通过机内代码和用户代码

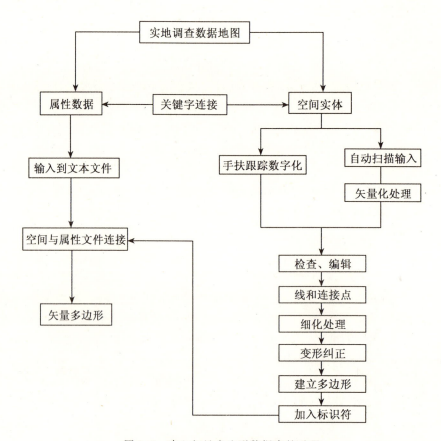

图 5.6 建立矢量多边形数据库的过程

(USER—ID) 来建立联系的。

5.4.2 数据库运行与维护

在数据库系统投入正式运行之后,应建立保障系统正常运行的管理规则,并投入相应的人力、物力,对系统进行日常性的维护工作。常规的管理维护工作有:

(1) 运行管理。保证硬件、网络、软件的正常运行,处理用户提出的疑难问题。

(2) 安全管理。防止系统故障,及时备份数据、恢复数据。

(3) 用户管理。设置用户的名称、权限。

(4) 系统设置。设置操作系统、应用软件等有关参数、属性。

(5) 排除故障与系统更新。排除系统出现的故障,更新或升级硬件、软件。

(6) 数据更新。包括数据内容更新、数据库结构调整。数据库结构调整按软件平台的功能进行,数据更新有自己的特殊性,如果数据得不到及时更新,质量得不到保障,会造成系统功效的丧失。

为了保证系统在最安全的状态下进行运转,对系统各模块及一些重要的功能都设置了严格的使用权限和口令;系统管理员可以对用户的使用权限和密码进行修改、删除等管理,最大限度地确保系统资料的安全性和保密性。

5.4.3 运行维护设计要求

数据库的运行维护设计要求最重要的是系统的安全性控制，防止不合法的使用造成数据泄密、被更改或破坏。数据库的安全建立在操作系统的安全之上，在网络化的地理信息生产体系中，数据可以分布在不同机器上，也可以集中到文件服务器或数据服务器中，前者要求分布式数据库，后者要求若干客户/服务器的数据库管理系统。数据库的特点是使得数据具有独立性，并且提供对完整性支持的并发控制、访问权限控制、数据的安全恢复等。针对数据安全，下面分别讨论并发控制、存取控制和备份恢复技术。

1. 并发控制

数据库的完整性可以归纳为语义的完整性、运行的完整性的恢复问题。运行的完整性即并发性事务处理的控制（并发控制）。数据完整受损主要是出错所致，如用户程序、事务处理或系统有误。

数据的集中导致并行事务处理的出现，并行的事务处理可能会并发存取相同的数据。为防止并发存取和并发个性对数据完整性的危害，应采取措施保证无误无冲突地工作。基于隔离控制原理，这些措施的目的在于使每项事务处理都觉得整个数据库为其独占，即逻辑模拟用户操作环境。

并发修改同一数据项时，可能会得出错误结果。所以在数据库中当某项事务正在修改一个数据项时，其他事务只能读取，而不能修改。

在空间数据库的情况下，采用锁的机制可保护数据的完整性。锁的粒度取决于数据库的实现方法。基于图幅的组织方式时，整个图幅可为一个锁单元；无缝组织时，某个要素作为锁单元；文件系统时，整个文件只能有一项事务进行修改，其他事务可读取。最理想的锁粒度应是数据库中的单个要素，但这要求空间数据库有非常强的功能。

地理信息数据库中，当图形数据和属性数据不在同一个库中时，在修改时还要保证两边的一致性，所以要同时锁住图形数据和属性数据。

2. 存取控制

存取控制实为授权机制，是数据库安全的关键。数据库中的数据有对事件敏感、状态敏感和模式敏感的三种。对事件敏感的数据只对一组专门用户在指定的时间内开放。对状态敏感的数据，存取取决于其值，即在数据库管理系统动态状况下起作用。对模式敏感的数据，其存取取决于数据库模式设计时对其用法的规定。

用户在调用具体的模块时，要输入用户名和密码或口令，每个模块均有其授权的用户。每种数据也定义了用户权限表，只有被授权的用户才能进行相应的操作。用户权限是由数据库管理员来设定的。

数据库的操作可分为拥有、只读、只写、读写、删除等。一般这种权限是在表一级上定义的，通过对视图（View）的授权，也可以对表的列定义访问权限。

数据库的用户也是分组、分级的，数据库管理员拥有全部特权，数据拥有者次之。

基础空间数据在存取控制上又有其专门特征。数据控制的可以是基于空间范围的，也可以是要素类的。有些区域对某些用户是开放的，对其他用户关闭；而有些要素只对某些用户开放的。因此其存取控制可用一个三元组的表来表示，即范围，要素，权限。该表只有DBA才能访问修改。

3. 数据恢复

数据库中的数据是独立于程序而存在的，无论是自然错误还是人为错误，都可能产生大量的错误，为了能够恢复修改前的状态和值，数据库的操作要具有如下状态：

（1）自动恢复。在出错时可回到修改前状态。

（2）自动备份。数据库修改后，原数据应有备份，这种备份又有完全备份和增量式备份。

（3）历史数据。当数据库中数据大量修改后，原来的数据要保留入历史库中，供以后用。

4. 数据保密

在远程访问时，数据查询结果要在网上传送，这就要保证传送的数据安全。同样要采用加密的方法来达到目的。

5.5 项目的开发管理

5.5.1 项目规划的方案

项目管理小组需要发展并且文档化以下计划：

（1）软件开发计划——通过软件开发规格来引导软件开发计划。计划被文档化，规定了在软件开发生命周期和适当的点所完成的确定的事件、检查和评审活动。

（2）系统测试计划——管理系统测试条件的计划，其包含软件测试计划。

（3）软件安装与培训计划——包含系统安装和系统用户练习套件的计划。

（4）系统过渡计划——完成新旧系统转换和手工与系统转换的计划。

5.5.2 项目实施组织机构

为保证系统开发项目的顺利、高质量完成，加强对系统项目工作的领导，在项目实施之前，应成立项目领导小组，由用户方和开发方共同组成。通过双方机构的有机组织与协调，管理、实施及监督项目的进度和质量，共同完成系统开发项目的工作内容。

总体的组织结构如图 5.7 所示。

1. 用户方组织结构

用户方项目管理人员担任系统建设工作中用户方的组织工作，其组成人员应是在规划管理信息化建设方面有一定的研究和专业水平，并具有组织能力的领导干部。其主要职责是：

（1）组织本单位内业务人员参与项目的实施。

（2）参与项目实施过程中有关事项的协调。

（3）参与阶段性报告的评审。

（4）负责就项目调研中的有关信息及时与领导小组沟通。

1）技术人员

为了保证系统后续维护，用户方的有关技术人员应参与项目的需求分析、系统设计与开发工作等，其主要职责包括：

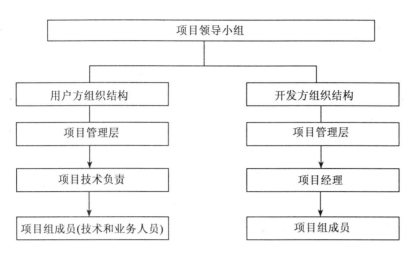

图 5.7　项目实施组织机构

(1) 参与项目的需求分析及需求说明书的编写。
(2) 参与项目的总体设计。
(3) 参与项目的详细设计与数据库设计。
(4) 参与项目的开发和数据库建设。
(5) 参与项目集成测试和系统测试。
(6) 参与项目各阶段的评审，提出评审意见。

2) 业务人员

用户方业务人员是系统的最终使用群体，他们对业务流程与规范熟悉，是系统的最直接使用者，其主要职责是：

(1) 直接参与需求调研。
(2) 制定初步的需求陈述。
(3) 完成项目调研与需求分析中有关业务流程等的沟通。
(4) 参与项目集成测试和系统测试。
(5) 参与项目各阶段的评审，提出评审意见。
(6) 就项目分析和设计中的有关信息及时与用户方技术人员沟通。

2. 开发方组织结构

开发方是项目建设的主要实施者，它的人员主要由以下三类人组成：

1) 项目控制

项目控制是项目开发方技术的总体负责人员，由开发方的技术总监担任。其主要职责是：

(1) 负责总体任务的分解与分派。
(2) 负责项目各阶段与项目进度的工作协调。
(3) 对各项目管理人员的工作计划进行汇总与协调。
(4) 负责向用户方提交正式的总体工作计划。
(5) 就整个项目的进展情况与用户方及时沟通。

(6) 负责与组织项目各阶段报告的评审。

(7) 负责将项目各阶段成果向用户方正式提交。

(8) 就项目进展中有关事宜与用户方进行协调。

(9) 项目的验收与总结。

2) 项目经理

项目经理是具体建设项目的负责人。开发方以系统与任务为单位，以有经验、技术过硬的技术主管来进行项目的具体管理和实施工作。其主要职责是：

(1) 负责任务的分派与分解。

(2) 负责组织项目组成员，编制阶段工作计划。

(3) 负责向项目控制提交所负责系统的工作计划。

(4) 负责组织进行项目的具体实施。

(5) 负责组织阶段各阶段文档的初审。

(6) 负责向项目控制提交正式的审核文档。

(7) 项目人员工作计划的协调。

(8) 负责对项目人员的工作考核。

(9) 制定一个各小组认同的项目计划。

(10) 安排种类会议日程。

(11) 监控项目过程和进度。

(12) 编写项目进度报告。

(13) 定期举行项目进度会议。

(14) 协调项目中的人员和资源。

(15) 负责版本控制和配置管理。

(16) 制定软件编码规范或数据库建设标准。

(17) 系统实施过程中开发方与用户方有关事情的协调工作。

3) 项目组成员

项目组成员负责具体项目的建设，主要由系统分析员、编码人员、测试人员及文档人员等组成。各类人员的主要职责是：

(1) 系统分析员。负责整个系统的用户调研、需求分析、系统设计工作，编写用户需求分析报告、系统总体设计方案、系统详细设计方案。

(2) 软件工程师。按照系统设计和编码规范，完成各子系统或模块的编码实现和单元测试工作，提交编程成果和开发文档。

(3) 平台实施工程师。主要任务是构建开发环境，包括应用服务平台、系统设备及系统软件、工具软件及运行平台的安装与调试。

(4) 支持与服务人员。作用于项目全过程，包括项目实施完毕后的支持与维护。包含：培训讲师（按照合同确定的培训计划对人员进行培训）；文档编制工程师（主要职责是负责项目全过程中所有文档资料的收集和整理及版本更新、发布，以及应用程序的安装制作、拷贝和分发）；技术支持工程师（按照合同确定的售后服务计划，通过多种服务手段和服务方式向用户方提供与系统相关的所有支持与服务）。

(5) 测试设计工程师。制定和维护测试计划，设计测试用例及测试过程，生成测试评估报告。设计测试需要的驱动程序和桩,根据测试发现的缺陷提出变更申请。

(6) 测试工程师。编写测试驱动程序和稳定桩,执行集成测试和系统测试。

各类人员在完成日常工作的同时,还应该负责向项目经理每天提交工作总结;参加每月的工作考核;及时提交各阶段的工作成果。

5.5.3 项目实施的管理

在系统开发过程的每一步,开发方将严格按照相应的规范和标准执行,特别重视工程的质量,以便最终生成高质量的软件产品。

1. 项目组周例会

项目管理人员每周召开一次例会,通报上周工作情况,存在问题,协调各小组开发人员的工作,针对问题采取相应的对策,调整以后的计划。

2. 项目管理协调小组会议

项目管理人员每两周召开一次项目管理协调小组会议,用户方也派代表参加,评审项目进展情况并协调各方工作。

3. 计划的维护

项目组每月一次将项目进度报告发送到项目控制、公司管理部门和用户方,其中详述项目的进展情况,并列出所有未按计划完成的工作,同时注明未完成的原因,对计划进行及时修正与维护。

4. 工作考核与奖惩

开发方将根据合同规定制订严密的工作计划,并根据项目组每个人的工作质量、工作效率、工作态度、团队精神设立相应的奖惩制度,鼓励按时完成任务,从而保证并加快城市规划成果管理信息系统项目的进度。

5.5.4 软件开发提供的文档

系统软件的开发按照软件工程的规范要求,规范系统需求分析、详细设计、程序编码和系统测试等各个过程。各过程均有相应的文档,并由双方代表签字确认后方可进行下一阶段。具体将提交以下开发文档,如表 5.3 所示。

表 5.3　　　　　　　　　　开发文档一览表

序号	名　　称
1	《用户需求规格说明书》
2	《系统概要设计说明书》
3	《系统详细设计说明书》
4	《数据库设计说明书》
5	《测试计划》
6	《测试分析报告》
7	《系统安装维护手册》

序号	名　　称
8	《用户操作手册》
9	《培训计划》
10	《软件开发总结》
11	《系统评审报告》

5.5.5 项目的软件工程监理

建设信息系统要投入很多资金，动用多方人力，要协调系统投资者、系统业主、项目承担者之间的行动。以城市规划管理信息系统为例，投资者是政府，业主是规划管理部门，项目承担者有系统设计、软件编制、数据采集建库、硬件供应安装等多个单位。为了保障项目的质量、进度，节约投入的资金，使用专业人员对实施过程进行监督、检查、咨询、协调是必要的，可以较小的代价，降低系统建设的风险，这类工作称为"监理"。软件工程监理通过对软件开发过程的全面介入、全面监督、全面测评，从而在管理上可最终确保软件系统质量。它是以大型信息系统建设项目活动为对象，以法律、法规、有关的技术标准、工程合同文件和软件规格说明书为依据，以规范系统建设行为、提高项目建设效益、确保系统质量为目的的必要举措。

由前面所述，城市规划与建设地理信息系统的项目实施包括总体规划、需求分析、概要设计、详细设计、编码及测试、系统试运行及验收等几个阶段，只有对项目从实施到完成的各个阶段都实行质量监理工程，才能得到高质量的项目。

针对项目实施的不同阶段，软件工程监理的工作内容如下：

1. 总体规划阶段

总体规划阶段的主要任务，就是在承建方制定出项目规划后，由监理方对其项目规划进行审查，并根据承建方的项目规划，修订前期制定的监理项目规划。监理规划是监理方对整个项目工作的初步设计，是具体的监理活动的基础。一般由监理方在该项目的总监理工程师制定，其基本内容应包括工程概况、监理范围和目标、主要监理措施的描述、监理组织机构描述以及相关监理工作制度等。

2. 需求分析阶段

监理方在需求分析阶段应以尊重承建方的项目管理和项目分析能力为前提，要充分发挥好项目监督及沟通建设方和承建方之间的桥梁作用。按照工作内容可以分为监督和沟通两部分。监督工作包括对需求分析阶段的各种文档的保管监督，对承建方的访谈活动的监督，并确认承建方是否按照《GB93—8588 计算机软件需求说明编写指南》编写需求分析报告及原型演示系统等；沟通工作则表现在当建设方和承建方由于知识背景不同而在访谈过程中沟通不顺畅的时候，监理方应利用自身优势使得双方顺利理解对方。在需求分析进行前，监理方应向建设单位提交需求分析阶段监理细则、监理日志、在需求分析结束后提交需求分析阶段总结报告。

3. 概要设计阶段

概要设计，即将软件需求转化为数据结构和软件的系统结构，一般包括数据设计和系统结构设计。其中数据设计侧重于数据结构的定义、系统结构设计、定义软件系统各主要成分之间的关系。在承建方进行概要设计的过程中，监理方需要监督制定规范、软件系统结构的总体设计、处理方式设计、数据结构设计、可靠性设计、概要设计阶段的文档等方面的工作。这个阶段，监理方应在概要设计进行前提交总体设计阶段监理细则、监理周记；在概要设计完成后提交概要设计监理报告。

4. 详细设计阶段

详细设计阶段的直接目标是编写详细设计说明书，在此阶段，监理方主要是在进度上进行控制，主要手段是定期与承建方沟通，检查文档。具体内容有：确定每个模块的算法，用工具表达算法的过程，写出模块的详细过程性描述；确定每一模块的数据结构；确定模块接口细节。这个阶段，监理方应在详细设计进行前提交详细设计阶段监理细则、监理周记；在详细设计完成后提交详细设计说明书的确认报告。

5. 编码及测试阶段

编码是将详细设计阶段的设计思想用某种计算机语言实现的过程。监理方应从结构化程序设计原则来进行编码工作的监理：使用语言中的顺序、选择、重复等有限的基本控制结构表示程序逻辑；选用的控制结构只准许有一个入口和一个出口；程序语句组成容易识别的块，每块只有一个入口和一个出口；复杂结构应该用基本控制结构进行组合嵌套来实现；语言中没有的控制结构，可用一段等价的程序段模拟，但要求该程序段在整个系统中应前后一致。

通常测试是伴随着编码而同时进行的。广义上的软件测试并非只在这个阶段才有，而是贯穿软件需求分析、概要设计、详细设计等阶段。在此阶段的测试，则指代码测试。监理方应依据测试原则对承建方的测试进行监督：尽早和不间断地进行软件测试；测试用例应由测试输入数据和对应的预期输出结果这两部分组成；程序员应避免检查自己的程序。在设计测试用例时，应包括合理的输入条件和不合理的输入条件；充分注意测试中的群集现象，即一般测试后程序中残存的错误数目与该程序中已发现的错误数目成正比；严格执行测试计划，排除测试的随意性；应当对每一个测试结果做全面检查；妥善保存测试计划、测试用例、出错统计和最终分析报告，为维护提供方便。

在编码及测试阶段，集中体现了软件工程所具有的技术含量高、多种科学技术领域的综合与交叉、创新成分多、涉及工程类型广泛等诸多特点，监理方仅参考现有的标准，例如《GB93—8688 计算机软件测试文件编制规范》、《GB/T 1250490 计算机软件质量标准保证计划规范》、《GB/T 1250590 计算机软件配置管理计划规范》、《GB/T 1553295 计算机软件单元测试》，若不能做出权威的检测报告，可以借助当地信息安全产品评测机构的技术实力，依托信息安全测试平台，共同完成该阶段的监理检测报告。

6. 系统试运行及验收阶段

系统试运行实际是测试的延续，是进一步检查系统的稳定性及适用性的阶段。监理方在这个阶段的主要工作有：审核竣工文档资料的完整性、可读性及其与工程实际的一致性；审核操作系统、应用系统等软件配置与设计方案的符合性；检测验证系统功能与合同的符合性；检查人员培训计划落实情况；帮助用户制定系统运行管理规章制度；在保修期内定期或不定期对项目进行质量检查、督促承建方按合同要求进行维护。

软件系统的初验是监理工作在软件项目管理上的一个创新点,是人为地将软件试运行另外划分为一个新的阶段。它的目的在于通过初验的形式尽可能快地和有效地解决用户对软件系统的不适应,增强软件的生命力。

主要参考文献

1. 姚永玲,Hal G. Reld(美).GIS在城市管理中的应用.北京:中国人民大学出版社,2005
2. 张毅中,周晟,缪瀚深等.城市规划管理信息系统.北京:科学出版社,2003
3. 龚健雅.当代地理信息技术.北京:科学出版社,2004
4. 何奇松,刘子奎.城市规划管理.上海:华东理工大学出版社,2005
5. 张书亮,闾国年等.设备设施管理地理信息系统,北京:科学出版社,2006
6. 张新长,曾广鸿,张青年.城市地理信息系统,北京:科学出版社,2001
7. 郝力.城市地理信息系统及应用.北京:电子工业出版社,2002
8. 陈述彭.城市化与城市地理信息系统.北京:科学出版社,1999

第 6 章 城市规划与建设地理信息系统的运行与维护

6.1 系统维护

6.1.1 系统维护的内容

1. 数据维护

系统的数据维护随着应用规模的日益扩大和城市建设的迅速发展而日显重要。不但基础地理信息，其他所有专题信息均需要经常地进行维护和更新，应根据系统的规模和实际需求，建立系统的数据维护更新机制，规定系统数据维护更新的周期，使系统所有数据均相对地始终处于最新的状态。数据对于一个 GIS 系统的重要性，越来越被人们所认识。但是，数据如果不经常更新，则有可能失去应用价值，这是每个 GIS 软件维护和运行所应重视的问题。

2. 硬件维护

在系统运行过程中，应建立硬件设备的日常维护制度，并根据设备的使用说明进行及时的维护，以保证设备完好和系统的正常运行。当设备的处理能力达不到要求（如服务器的处理能力、网络交换机的吞吐能力），或者设备本身已过时、淘汰时，应考虑硬件更新。系统硬件更新应按硬件评价指标的规定要求重新进行选型。

3. 代码维护

随着系统应用范围的扩大，应用环境的变化，系统中的各种代码纷纷需要进行一定程度的增加、修改、删除，以及开发新代码。

4. 机构和人员的变动

信息系统是人机系统，人工处理也占有重要的地位，人的作用占主导地位。为了使信息系统的流程更加合理，有时会涉及机构和人员的变动。这种变化往往也会影响对设备和程序的维护工作。

6.1.2 系统开发与维护方式选择

城市规划与建设地理信息系统的开发方式有多种。可采用自主开发或购置软件包进行二次开发。其中，自行开发可以根据实际需要开发出符合用户需求的系统，并借此培养人才，系统修改与维护较有弹性，但必须常设专业人员，投资的人事成本较高，其他使用部门的配合度可能较小。除自主开发外，当单位的信息系统的开发能力不足，而又没有符合要求的软件包时，可以选择委托软件公司开发的方式来获得软件系统，这样可以不必自行开发应用软件系统，节省系统开发成本，单位只需要少数计算机人员，可以节省人事成本。但太复杂的系统可能不易开发，易导致失败，系统若需要进行修改或新增功能，需要委托软件开发商处理，软件开发技术受开发商制约。

还有一种方式是如果市场上有相同功能的软件系统，可以选择购买或租用已有的软件包，软件包已经经多个用户使用过，系统的稳定性较高，价格比自行开发与委托开发的费用低，可以立即投入使用，开展信息化业务，节省系统开发时间。软件包大多根据制度化的标准规格设计，可以用来验证单位的制度与运行流程。但软件包设计功能大都固定，可能并不一定符合既定的工作流程。当软件包的功能不符合单位的管理方式时，则无法很好地达到信息化建设的目的。

6.1.3 系统维护人员的职责

城市规划与建设地理信息系统的维护是一个复杂的过程，需要建立专门的维护队伍，系统维护人员的职责为：

（1）负责规划、建立、管理、维护城市规划与建设地理信息系统及电子政务网，实现规划建设管理办公自动化，为规划编制、规划管理、建设管理提供相关技术和信息服务，为规划管理决策提供有效的支持和保障，并负责相关计算机、信息及应用的培训和考核工作。

（2）集中统一管理机构内部规划与建设信息系统数据，主要包括：系统规划信息化工作及信息化专项经费的规划、计划，政策和技术标准的制度，建立电子数据规范；规范集中管理规划、报建、市政、测绘、用地、人口、文书等各类电子档案数据；辅助各职能处室完成对下达的各项规划设计、测绘遥感等项目的检查验收工作；负责维护和保障规划建设管理信息系统的唯一性和可靠性，并为规划管理、报建等工作统一提供规划信息图。

（3）负责规划管理中报建数据的规范检查、验收、拼接入库、综合供图及规划审批过程中的规划管理技术经济指标的复核、"一书两证"红线图整饰制作、审批成果的入库管理、光盘制作等工作。

（4）为辖管的下属单位提供办公自动化及信息技术支持、培训和服务。

6.1.4 信息中心在规划建设部门的定位

随着城市规划建设信息系统项目越来越复杂、庞大，需要成立专门的信息中心来管理这个系统。目前，在很多信息化发展比较好的城市规划建设部门内，都设立了专门的信息中心，而一些信息化比较落后地方的城市规划建设部门，还没有设置专门的信息中心。

根据所属规划建设部门的规模大小，信息中心一般以下面三种模式存在（如图6.1、图6.2、图6.3所示）。

1. 模式1

信息中心隶属于某业务处室，而该业务处室一般运行核心业务，且业务量大。其优点是信心中心的工作比较容易直接与具体业务结合起来，系统运行容易得到业务上的支持和保障；缺点是信息系统偏重于主要业务的管理，不易建立全局共享的运行系统和数据中心。

2. 模式2

信息中心独立于各个处室，直接受局（厅）管辖，成为二级单位，在财务核算上不独

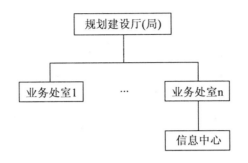

图 6.1　信息中心存在模式 1

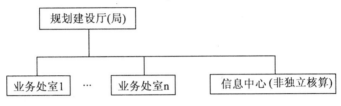

图 6.2　信息中心存在模式 2

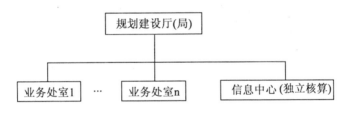

图 6.3　信息中心存在模式 3

立。负责整个局的信息化建设,这样计算机设备集中,易于管理和运筹运用,避免单位重复购置设备,节约成本,可以将整个机构的信息化建设进行统一规划设计。其缺点是:各个业务部门无法独立开展针对自身特点的信息化业务。由于信息中心独立于各个部门,业务上的交流会有些隔阂,需要较多的协调与沟通工作。

3. 模式 3

模式 3 和模式 2 类似,只是信息中心在财务上独立核算。在这种模式下,信息中心有更大的经济自由度和责任,有利于信息中心自身的发展和技术力量的增强,但管理和协调上需要做更多的工作。

6.2　数据维护与更新

城市规划与建设地理信息最根本的基础是数据,而数据的现势性是最需要解决的问题,这就要求建立完善的数据更新机制和手段。一方面,要通过数据更新机制不断获得现势数据,并对数据库进行更新维护;另一方面,需要保存历史数据,以便在必要时恢复过去任一时刻的全部或部分数据,并能实现历史查询和数据对比操作。

为了保证数字化地形图的正常使用和规划建设信息系统信息的现势性，必须建立一种良好的持久的更新机制。这个更新机制要包括一整套更新的制度，更新的经费落实、人员安排、设备配套措施，更新的计划及相应的保障制度。

6.2.1 数字线画图更新

数字线画图数据的建库更新机制根据不同制作生产模式进行不同的设计，主要有根据外业采集更新的数据和现有数据两种数据模式。

1. 根据外业采集的数据

有些情况下，大比例尺数字线画数据是根据外业测量采集进行更新的，而这些数据是与规划建设业务密切相关的数据，一般流程如图 6.4 所示。

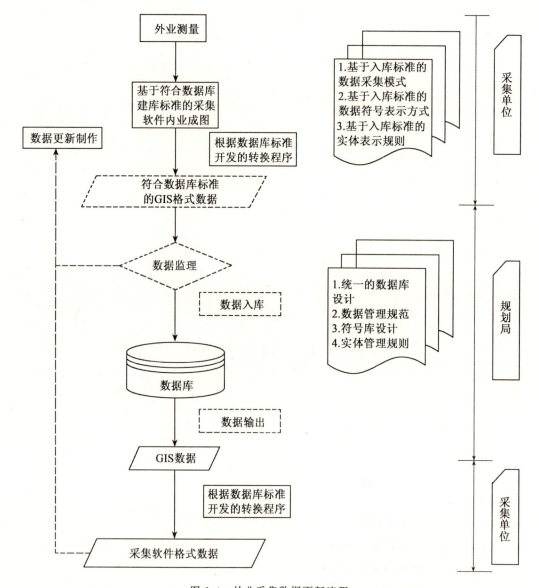

图 6.4 外业采集数据更新流程

2. 现有数据更新

在城市规划建设地理信息系统中，相当一部分数据已经按照一定的标准进行过制作整理，所以对这部分数据建库时，在保持原有的数据标准的基础上，只要对数据进行图形、属性、拓扑关系等检查，保证图形属性信息的完整和正确性，以及每层数据点、线、面、注记要素划分的唯一性，就可以直接入库。具体流程如图 6.5 所示。

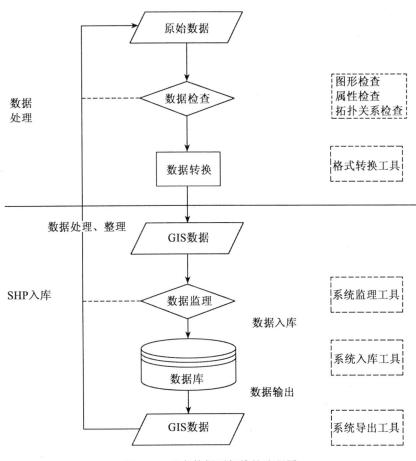

图 6.5 现有数据更新维护流程图

6.2.2 规划数据更新

当对同类、同一区域不同时间的规划编制成果数据进行入库操作时，就要进行数据更新的操作。规划编制成果数据库的更新采用四种方式进行：各类规划编制成果数据库、编制单元、图则单元（单元的合并、拆分、调整等）、规划实体要素（如道路、地块等）。根据以上内容的变化，进行数据的导入更新与版本管理。在数据更新的过程中，需进行一系列的关联处理，以满足规划编制成果数据库的版本管理与元数据管理要求。更新过程中需要进行的处理流程及相关的关联操作如下：

（1）查找规划编制成果数据库已存在的对应数据的数据标识与版本号。

（2）在成果版本库中增加新的版本记录，版本号递增，并创建新的数据标识。

(3) 在元数据版本库中增加新的版本记录，版本号递增，并与已创建的新数据标识建立关联。

(4) 为数据源分配存储命名空间，并与已创建的新数据标识建立关联。

(5) 导入元数据到元数据库中。

(6) 导入成果数据到规划编制成果数据库的指定位置。

(7) 设定更新成功标志。

6.2.3 管线数据更新

管线数据库采用 SDE 与 Oracle 存储管线数据信息，现状管线的入库与现状地形图数据的入库类似，这里不再赘述，管线数据的更新主要通过竣工测量实施，具体更新流程如图 6.6 所示。

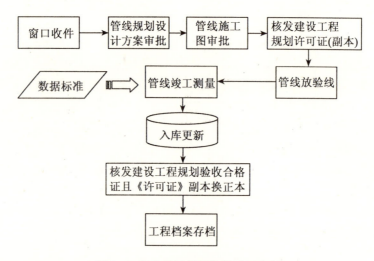

图 6.6　综合地下管线数据更新流程

6.2.4 历史空间数据更新方案

在空间数据更新时，往往需要把更新的数据保存到历史库中，便于以后历史数据的恢复查看，实现指定时间和范围的历史数据的查看和恢复。空间数据中历史数据的保存与恢复主要有以下几种方案：

(1) 要素级的历史记录保存和恢复。

(2) 在某个范围内，进行历史数据的保存和恢复。

(3) 图幅范围内的历史数据的保存和恢复。

第一种方案的实现需要在 GIS 平台提供的要素机制的基础上完成，目前主流的 GIS 平台尚未提供基于要素管理的相应的开发接口。第二和第三种方案是基于地图范围的历史数据的保存和恢复，对每次更新区域范围内的数据在数据库中增加时间信息，把更新区域内的数据作为历史数据保存到历史库中。将来历史数据恢复也是根据更新范围和时间信息在历史库中实现的。

基于图幅范围的历史数据更新，每次数据保存的区域都是以图幅为单位，这虽然方便了历史库的管理，但同时由于它不只是保存更新过的数据，因而造成了历史数据的冗余；而基于任意范围的历史数据更新则不存在这个问题，但实现起来难度很大。综合考虑可行性和实用性等方面的因素，基于图幅范围的历史数据更新和恢复采用得较多。

6.3 人员培训

人员的培训是有效使用和维护城市规划与建设地理信息系统的重要条件，因此，系统的建设应特别注意人员的培训。具体的培训日程需要与系统开发进程相配合。人员培训大致分为以下几个阶段：

1. 观念培训期

系统建设是一个综合性工程，需要甲乙双方的各方面配合，在系统调研前期，为保证城市规划局内各科室能准备充分，双方需要对要调研的内容进行前期交流，以期操作人员有一个前期概念并在资料准备方面有所适从。

2. 基础培训期

在系统基本软硬件采购的同时进行，以保障后续培训工作能够顺利进行，主要内容涉及计算机基础、网络基础等。这部分工作一般由甲方根据人员的实际情况自行安排，必要时应当对本单位所有人员进行信息系统的基础培训。

3. 合作培训期

在项目进行过程中，提交开发成果的同时提交相应文档、并进行操作培训，以便有关操作人员尽快熟悉系统，也有利于及早发现问题并进行改进。城市规划局将派出2～3名开发人员同委托单位一起开发。在开发之前，委托单位将对这几名开发人员进行软件开发规范、软件开发模式、软件开发质量控制以及软件测试等方面的培训。

4. 交接培训期

在系统开发基本完成后，由项目经理组织有关技术人员，系统地对各类操作人员进行集中培训。交接培训期是作为开发成果正式交接的一部分内容。交接培训期的培训工作主要安排在甲方现场集中进行，以便学员能够迅速掌握相应的培训内容。

5. 系统高级培训

根据用户需要，可以组织若干人次，对软件厂家和同行业先进单位进行考察，或进行有关系统管理和技术方面培训。

表6.1是城市规划建设地理信息系统人员培训的基本课程安排。

表6.1　　　　城市规划建设地理信息系统人员培训的基本课程表

内容 \ 培训对象	业务管理人员	系统管理员
应具备的基础	了解相关业务	了解 Windows NT 操作系统和计算机网络基础知识

续表

内容 \ 培训对象	业务管理人员	系统管理员
培训目标和效果	使业务管理人员理解系统与日常管理工作相互结合的整体概念，并掌握具体操作的全部步骤。	使系统维护人员掌握保证系统正常运行的基本技术，并能够胜任一般故障的处理。
培训内容	掌握相关子系统操作的方法。	1. 掌握应用系统安装、ArcGIS 和 Oracle 的安装与配置、系统管理（包括用户管理、权限管理、日志管理、数据备份与恢复）、网络配置等具体操作。 2. 掌握系统故障恢复的具体操作。 3. 掌握数据库和开发工具的基本知识等。 4. 系统安全管理包括防火墙、防病毒系统安装、配置、维护培训。
培训教材	1. 完善的用户使用手册。 2. 方便快捷的联机帮助。	1. 完善的用户维护手册。 2. 方便快捷的联机帮助。
跟踪指导	通过用户使用手册或由馆内系统管理员继续指导。	通过系统管理员手册或由开发单位进行全面技术支持。
培训时间	每科室 1~2 天	14 天
培训方式	现场培训	现场培训和组织培训

主要参考文献

1. 张新长，马林兵，张青年．地理信息系统数据库．北京：科学出版社，2005
2. 吴信才．地理信息系统设计与实现．北京：电子工业出版社，2003
3. 龚健雅等．当代地理信息技术．北京：科学出版社，2004
4. 孙毅中等．城市规划管理信息系统．北京：科学出版社，2004

第 7 章 城市规划与建设地理信息系统的应用

7.1 城市空间基础地理信息系统建设实例

城市空间基础地理信息系统是城市规划与建设 GIS 技术应用的基础平台系统。

城市空间基础信息是指在一定尺度下，能完整地描述城市自然和社会形态的地物地貌信息（如建筑物、道路、水系、绿地等），管理境界信息（各级行政管理单元边界，如市、区、街道办事处和重要单位界域及地理分区等）以及它们的基本属性信息。这里的空间基础信息不仅包括城市测绘所关心的地形信息，同时也包含有关管理境界等信息以及与它们相对应的基本属性信息。

与全国范围的中小比例尺空间基础信息相比，城市空间基础信息具有尺度大，空间分辨率高，内容丰富，老化速度快，获取与更新所需时间长，生产费用高等特点。经过若干年的努力，我国城市空间基础信息的获取与应用取得了巨大的成绩。大多数城市完成了基本地形测绘，一些城市甚至进行了几轮修测。地形图件基本上覆盖了城市的建成区、规划市区和主要市郊。数字式数据已经成为地形信息的主导形式。与此同时，城市空间基础信息的获取和应用还存在不少问题，主要包括：数据种类单调，现势性差，可用性低；全国范围发展不平衡，多数城市用于数据生产和更新的资金投入严重不足；数据生产和提供的现状仍然不能满足应用的需求。在数据的共享上，一方面，经常缺乏合适的数据；另一方面，已有数据并没有得到充分有效的利用，重复性生产时有发生。在数据应用上，空间数据依然是制约城市 GIS 建设及实际效应发挥的"瓶颈"。

城市空间基础信息的形式主要包括：数字线划矢量数据（DLG）、数字正射影像数据（DOM）、数字高程模型数据（DEM）、数字栅格线划数据（DRG）以及相应的属性数据等。尽管 DLG 目前仍占据主导地位，但 DOM 和 DEM 的地位正日益提高，而 DRG 可以视为 DLG 的一种特殊表现形式。同时，三维数据和时态数据越来越受到重视，成为未来城市空间基础信息的新形态。

7.1.1 系统目标与总体设计

一、系统目标

全市空间基础地理信息系统是全市"数字规划"第三代平台中的核心地理信息数据支撑系统之一。系统旨在建立一个以数字化基础测绘资料为主要内容、以完善的基础地理空间数据管理体系和数据服务体系为主要结构的信息系统，为全市规划、建设、管理和社会各行业提供完善、优质和高效的地理空间数据服务；为全市的信息化建设，特别是为与地理信息系统相关的综合应用提供良好的基础和支持。其具体目标如下：

(1) 补充和完善已有的数据标准，统一各类基础地理信息数据标准，为基础地理信息数据的生产、检查、入库与应用共享提供标准与依据。

(2) 优化数据组织与结构，建立安全、高效的基础地理信息数据库管理系统，提高基础地理信息的使用效率及系统性能，实现多源、多尺度海量空间数据的集成管理。

(3) 与规划管理办公自动化系统紧密集成，为规划局的信息化提供全面的基础地理信息数据支撑。

(4) 为全市各级政府部门和全市的社会经济可持续发展提供规划、设计和决策的空间基础地理框架，为政府信息化建设提供统一的基础地理信息支撑平台和环境。

(5) 为社会公众提供空间基础地理数据信息服务。

二、系统总体设计

1. 系统的设计原则

全市空间基础地理信息系统建设是一项复杂、艰巨的信息化工程，为达到作为基础空间信息共享平台的目标，满足可持续发展的要求，系统的总体设计必须遵循以下原则：

1）实用性原则

全市空间基础地理信息系统的建设，是以满足全市当前的应用需求为主要目标，特别是规划管理信息化的需要，易于使用、管理和维护。

2）先进性原则

深入分析和研究国内外 GIS 及其相关技术的现状和发展趋势，采用各种先进的和成熟的技术方法和手段，确保系统建设的科学性和先进性，使数据库内容规范统一，各项技术指标恰当，数据质量优良，数据库结构及组织协调合理，实现多种类型海量空间数据的集成化管理，应用方便快捷。

3）安全性原则

作为一个由多个行业、部门参与实施和应用的大规模、关键性信息系统的应用，系统的安全性与可靠性至关重要。

4）开放性原则

系统应采用标准化和规范化设计，保证系统与城市其他信息系统很好地连接，使系统能够为城市基础软设施、城市综合性地理信息服务。

2. 技术路线设计

GIS 平台采用 ESRI 公司的 ArcEngine 9.1 进行各种应用功能的开发，使用 MapControl 控件进行空间数据的显示，使用 PageLayout 控件进行打印及页面视图处理。

空间数据库引擎采用 ArcSDE 9.1，通过 ArcSDE 进行空间数据的访问与交互、多用户并发控制、版本控制以及长事务处理。

采用 GeoDatabase 做为空间数据模型。

后台 RDBMS 采用 Oracle 10g，运用 Oracle RAC（真正应用集群）进行海量空间数据存储，支持大用户量的同时在线并发访问操作。

开发环境采用 Visual Studio . Net 2003。

系统采用组件技术开发，以规划管理办公自动化系统的核心组件为基础，构建本系统。其主要界面也以控件的形式进行封装，既可以满足 C/S 架构方式独立运行，又能嵌入到 IE 浏览器中，以 B/S 方式运行的要求。

在系统安全上，采用统一身份验证的方式，用户只需通过"数字规划"第三代平台的首页登录验证即可，无需进行重复验证。

3. 系统结构

根据系统的设计原则，本系统采用数据层、逻辑层、应用层的多层体系结构方式进行系统的构建，并与全市"数字规划"第三代平台整体框架有机集成，系统结构图如图 7.1 所示。

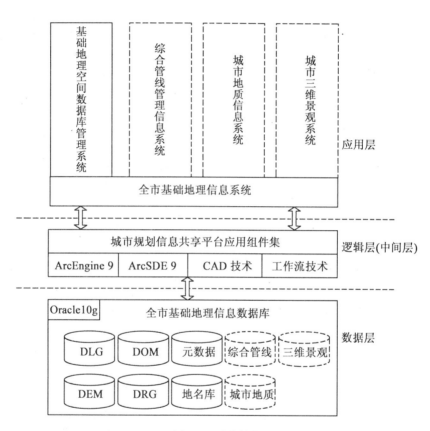

图 7.1　系统结构

1）数据层

采用 Oracle 关系型数据库系统和 ArcSDE 空间数据引擎，实现城市基础地理信息数据库的高效存储和管理。

2）逻辑层

采用 ArcInfo 技术，通过 ArcSDE 空间数据引擎，负责空间数据库系统业务逻辑的实现，如空间数据的存取、表现和操作等。

3）应用层

对空间数据库的核心业务进行支持，实现空间数据库的具体应用，如城市综合管线管理信息系统、城市三维景观信息系统等。

4. 业务数据流分析

基础地理信息系统涉及的主要数据流可归纳为四条,分别为:

1) 使用测绘成果数据更新基础地理信息数据库

测绘成果数据是基础地理信息数据库重要的初始数据来源及数据更新的数据源。主要包含以下数据流:

(1) 从测绘成果数据库中的 4D 数据库及元数据库更新基础地理信息数据库中的相应数据集。

(2) 从测绘成果数据库中的修测地形图更新基础地理信息数据库。

(3) 从测绘成果数据库中的竣工测量地形图更新基础地理信息数据库。

通过使用最新的测绘成果数据,及时对基础地理信息数据库进行动态更新与补充,可以保证基础地理信息数据库中数据的现势性与完整性。

2) 基础地理信息数据导出

通过数据导出模块将指定范围与类型的数据从基础地理信息数据库中导出,导出时可以执行坐标转换、格式转换等数据处理操作,使用离线的方式进行数据的分发与共享。

3) 在规划管理办公自动化系统使用基础地理信息数据

规划管理办公自动化系统是全市"数字规划"第三代平台的核心应用系统,其他系统的建设,均是围绕规划管理业务这一主线展开的,各种数据库的建设,也是以服务于规划管理业务为首要目标的。规划管理办公自动化系统是基础地理信息数据库的重要使用者之一,规划管理办公自动化系统中各类业务的办理过程、各种职能的执行均需要频繁地调用基础地理信息数据作为参考或依据。

4) 在其他系统中使用基础地理信息数据库

其他系统(如行政办公、规划检查、批后管理、综合档案、信息发布、城市地质、综合管线、三维景观等)也需要相应的基础地理信息数据的支持。

5. 性能指标

1) 稳定性

系统应采用主流的、先进的、高度商品化的软硬件平台、网络设备和二次开发工具,在进行系统设计、实现和测试时采用科学有效的技术和手段,确保系统交付使用后能持续地运行。

2) 安全性

系统应具有安全的网络体系,满足国家对政府机关联网保密管理的规定,采取内、外网分离、建立防火墙、信息加密、权限设置等措施,抵御非法入侵;系统的硬件应具有高可靠性、容错性和可恢复性;系统的软件应提供严格的操作控制和存取控制,具有容错功能;系统的数据要有完善的备份和恢复功能,能够在数据毁坏、丢失的情况下进行恢复。

3) 系统操作响应速度

(1) 捕捉≤1s。

(2) 单个要素选择≤0.5s。

(3) 在打开的至少 16 幅 1∶500 老城区环境中,单幅 1∶500 全要素 GIS 地形图选择≤1.5s。

(4) 编辑、移动过程不留痕迹。

(5) 客户端调图显示：单幅1∶500范围城区全要素GIS地形图（含符号化过程）≤1s。

(6) 16幅1∶500范围≤3s；图形缩放、漫游平稳光滑，显示过程动态化，不留空白。

(7) 在打开的至少16幅1∶500老城区环境中，整饰1∶500图幅范围（含地形图、影像、规划要素、缩略区位图、审批意见）≤3s，实际裁剪输出/打印/打印预览≤3s。

(8) 64幅环境中，整饰16幅1∶500图幅范围（含地形图、影像、规划要素、缩略区位图、审批意见）≤6s，实际裁剪输出打印/打印预览≤6s，打印预览界面中缩放、漫游速度≤1.5s。

(9) 初次显示满屏（1024×868pixels）≤1.5s，缩放≤1s，漫游≤0.5s。

(10) 图形调入、显示、缩放、漫游的测试速度以上指标为单用户网络环境下的要求。

(11) 5个用户并发操作相同数据时速度要求指标×1.3；10个用户使用同一系统模块环境时的测试平均速度要求指标×1.4；20个用户使用同一系统模块环境时的测试平均速度要求指标×1.5。

6. 数据备份和安全

1) Oracle用户角色的管理

为了保护Oracle服务器的安全，应保证$ORACLE_HOME/bin目录下的所有内容的所有权为Oracle用户所有。

为了加强数据库在网络中的安全性，对于远程用户，应使用加密方式通过密码来访问数据库，加强网络上的DBA权限控制，如拒绝远程的DBA访问等。

2) Oracle数据的保护

数据库的数据保护主要是数据库的备份，当计算机的软硬件发生故障时，利用备份进行数据库恢复，以恢复破坏的数据库文件或控制文件或其他文件。保护方式有以下两种：

(1) 建立数据保护日志。Oracle数据库实例都提供日志，用以记录数据库中所进行的各种操作，包括修改、调整参数等，在数据库内部建立一个所有作业的完整记录。

(2) 控制文件的备份。它一般用于存储数据库物理结构的状态，控制文件中的某些状态信息在实例恢复和介质恢复期间用于引导Oracle数据库。

3) Oracle数据库备份

日常工作中，数据库的备份是数据库管理员必须不断进行的一项工作，Oracle数据库的备份主要有以下几种方式：

(1) 逻辑备份。逻辑备份就是将某个数据库的记录读出并将其写入到一个文件中，这是经常使用的一种备份方式。

(2) export（导出）。此命令可以将某个数据文件、某个用户的数据文件或整个数据库进行备份。

(3) import（导入）。此命令将export建立的转储文件读入数据库系统中，也可按某个数据文件、用户或整个数据库进行。

(4) 物理备份。物理备份也是数据库管理员经常使用的一种备份方式。它可以对Oracle数据库的所有内容进行拷贝，方式有多种，如脱机备份和联机备份，它们各有所长，在实际中应根据具体情况和所处状态进行选择。

脱机备份。其操作是在Oracle数据库正常关闭后，对Oracle数据库进行备份，备份的内容包括：所有用户的数据库文件和表，所有控制文件，所有的日志文件，数据库初始化文件等。可采取不同的备份方式,如利用磁带转储命令(tar)将所有文件转储到磁带上,或将所有文件原样复制(copy,rcp)到另一个备份磁盘中或另一个主机的磁盘中。

联机备份。这种备份方式也是切实有效的,它可以将联机日志转储归档,在Oracle数据库内部建立一个所有进程和作业的详细准确的完全记录。

物理备份的另一个好处是可将Oracle数据库管理系统完整转储,一旦发生故障,可以方便及时地恢复,以减少数据库管理员重新安装Oracle带来的麻烦。

4)数据库系统的恢复

有了上述几种备份方法,即使计算机发生故障,如介质损坏、软件系统异常等情况,也可以通过备份进行不同程度的恢复,使Oracle数据库系统尽快恢复到正常状态。

(1)数据文件损坏

这种情况可以用最近所做的数据库文件备份进行恢复,即将备份中的对应文件恢复到原来位置,重新加载数据库。

(2)控制文件损坏

若数据库系统中的控制文件损坏,则数据库系统将不能正常运行,那么,只需将数据库系统关闭,然后从备份中将相应的控制文件恢复到原位置,重新启动数据库系统即可。

(3)整个文件系统损坏

在大型的操作系统中,如UNIX,由于磁盘或磁盘阵列的介质不可靠或损坏是经常发生的,这将导致整个Oracle数据库系统崩溃。若出现这种情形,只能将磁盘或磁盘阵列重新初始化,去掉失效或不可靠的坏块。

①重新创建文件系统。

②利用备份将数据库系统完整地恢复。

③启动数据库系统。

系统的数据库安全管理界面如图7.2所示。

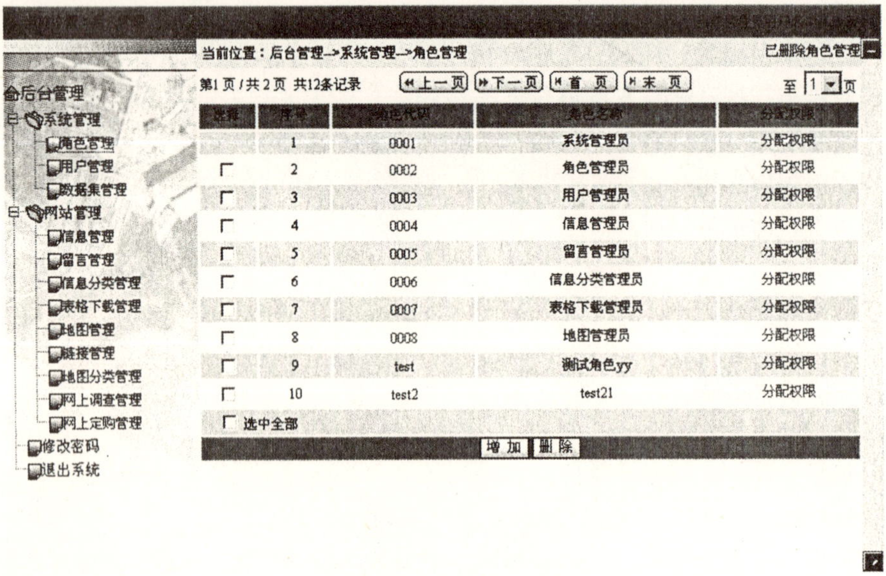

图7.2 数据库安全管理界面

7.1.2 系统标准化与规范化

地理信息系统的一个重要特点就是将各部门和各专业的大量信息按照一定的标准和规范，置于统一的管理之下，使政府各部门的工作有一个标准化和规范化的数据基础，而且在这一基础上，通过信息系统提供的规范化的作业流程，实现政府办公的规范化和自动化。为了实现全市空间基础地理信息系统与其他各个系统之间的沟通与互动，发挥系统的集成应用模式效果，有必要制定完整的标准化体系来保证系统的协调统一。

全市空间基础地理信息系统标准化体系采用科学的理论和方法，在严格参照与遵循国家、地方、行业相关规范和标准的基础上，结合全市的实际情况，制定适用的、开放的、先进的标准化体系。

应依据相关的国家标准，参照相关行业标准，并从城市信息化建设对空间数据应用、共享与交换的要求出发，制定全市1∶500、1∶1000、1∶2000等各种比例尺基础地形图信息以及综合管线、三维景观、城市地质数据的标准化方案，包括数据的空间参考、分幅编号方法、要素的分类与编辑码体系，以规范各种空间信息系统对1∶500、1∶1000、1∶2000比例尺地形图要素信息、综合管线、三维景观、城市地质等信息的采集、存储、检索、分析、输出及交换，保证数据的完整性与一致性。

数据标准应依据国家、行业等规范规程，并充分考虑到现行的标准和全市各行各业对基础地理数据的实际需求，制定完善基础地理数据的采集、加工、入库系列标准以及原数据标准。其中代码标准应在国家相关标准的基础上扩延，不能另搞一套。代码可以考虑定位在八位，以利于数据的操作、共享、分发与开发利用。对城市中的高架桥、立交桥、隧道、绿岛等可在现行标准的基础上扩延，道路编码原则和方法也基本一致。元数据标准应充分考虑数据生产和应用的实际需要，不要照搬现行的国家标准。并按新的标准对基础地理数据加工、建库。利用系统开发的功能可以实现对原数据的重新加工整理、代码置换、分层入库。

基于相同平台和数据标准的数据，不论是 CAD 还是 GIS 平台，都不存在数据兼容性的问题。基础地理数据和规划道路红线数据等完全可以互为数据源。

八位码可在《城市基础地理信息系统技术规范》中的"附录 A 1∶500 1∶1000 1∶2000地形要素分类与代码"的基础上扩延，采用八位数字码，其结构定义如下：

前四位为国标代码，第五、六位为细分码，用于各类要素细分，第七、八位为辅助码。上述三个码段不足位用 0 补足。代码结构如下：

  ××××　＋　××　　＋　××
  国标代码　＋　细分码　＋　辅助码

在要素代码设计中，宜保留前端数据代码，GIS 数据增加八位码。

1. 分类的一般原则

按照《标准化工作原则——信息分类编码的基本原则和方法（GB 7027—86）》的要求，结合项目实际，对信息分类的基本原则确定如下：

1）科学性

通常要选择事物或概念（即分类对象）的最稳定的本质属性或特征作为分类的基础和依据。

2) 系统性

将选定的事物、概念的属性或特征按一定排列顺序予以系统化，并形成一个系统的科学分类体系。

3) 可扩展性

通常要设置收容类目，以保证在增加新的事物或概念时，不至于打乱已建立的分类体系，同时，还应为下级信息管理系统在本分类体系的基础上进行延展细化创造条件。

4) 兼容性

在进行地理信息分类和编码时，凡已经颁布实施的有关国家标准均应直接引用，还应充分引用有关行业标准及各城市颁布的有关地方标准，参考正在研究和制定的国家、行业及地方相关标准的成果，力求最大限度的兼容和协调一致。

5) 综合实用性

分类要从系统工程角度出发，把局部问题放在系统整体中处理，达到系统最优。即在满足系统总任务、总要求的前提下尽量满足系统内各有关单位的实际需要。

地理要素分类的层次性较强，应采用线分类法（或称层级分类法）。线分类法的原则包括：

（1）某一上位类类目划分出的下位类类目的总范围应与上位类类目范围相等。

（2）当某一个上位类类目划分成若干个下位类类目时，应选择一个划分基准。

（3）同位类类目之间不交叉、不重复，并且对应于一个上位类。

（4）分类要依次进行，不应有空层或加层。

线分类法的优点在于层次性好，能较好地反映类目之间的逻辑关系；使用方便，既符合手工处理信息的传统习惯，又便于计算机处理。

线分类法的缺点在于结构弹性较差，分类结构一经确定，不易改动，效率较低，当分类层次较多时，代码位数较长，影响数据处理的速度。

就要素规格表中的分类而言，实际使用中要重视下列问题：

（1）如果严格按层次分类，会导致分层过多，代码太长，大部分的中间类不会直接使用，严重占用资源。

（2）部分要素类属不明确，分类标准不清晰。

要素分类要综合考虑现有技术条件、系统设计目标、已有标准以及数据交换的解决办法等，不能拘泥于某一方面或某一部门的要求。

2. 编码的一般原则

按照《标准化工作原则——信息分类编码的基本原则和方法（GB 7027—86）》要求，代码的功能在于标识编码对象和体现分类、排序或对象的其他特征，为此本项目编码的基本原则如下：

1) 唯一性

在一个分类编码标准中，编码对象与代码一一对应。

2) 合理性

代码结构要与分类体系相适应。

3) 可扩充性

必须留有适当的后备容量，以便适应不断扩充的需要。

4）简单性

代码结构应尽量简单，长度应尽量短，以便节省机器存储空间和减少代码的差错率，同时提高机器处理的效率。

5）规范性

在一个标准中，代码的类型、结构和编写格式必须统一。

3. 应考虑和注意的问题

根据对各级标准的分析，从以下几个方面考虑地形图要素编码方案的设计：

1）标准化

要素分类主要依据《1∶500 1∶1000 1∶2000 地形图要素分类与代码(GB 14804—93)》、《1∶500 1∶1000 1∶2000 地形图图式(GB/T 7929—1995)》、《国土基础信息数据分类与代码(GB/T 13903—92)》、《1∶5000 1∶10000 地形图图式(修订)(GB/T 5791—93)》、《1∶25000 1∶50000 1∶100000 地形图图式(GB/T 12342—90)》等。

标准化的目标是分类与 GB14804—93 和 GB/T GB/T 13903—92 相一致，对应要素的分类方法、分类体系和编码不能与 GB14804—93 和 GB/T GB/T 13903—92 发生矛盾。

2）实用性

从实际工程需要出发，区别服务范围，主要考虑大比例尺数字地形图建库、数据集成、共享、交换与应用的要求，同时在一定程度上兼顾制图的需要，进行灵活处理，不拘泥于现有各级标准，而是在优先遵守国家标准的基础上，在可能运用技术手段解决各方面问题的范围内，适当调整要素分类的设置和使用。

3）精简

GB14804—93 有些要素划分较细，对于我们的基础空间数据库意义不大。例如"三角点"划分为一至四等，"等级公路"划分为一至四级，在数据采集时会造成一定困难，因为各等级的三角点的符号都一样，从图上不一定能判别其等级，公路则需查询图上的注记。对于这种情况，可以缩减编码，不使用其中的下位类，有关等级信息仍可以由属性值提供和存储。

还有些复杂的综合性的要素，如崩崖，其制图符号较复杂，为方便数据在信息系统中的应用，以及数据的共享与交换，可以考虑以其轮廓面或线作为主体，其他元素作为制图辅助表现要素处理。

这里把握的尺度主要在方便数字化作业和合理表达信息、方便应用之间寻求平衡。

4）细化

GB14804—93 虽然是针对大比例尺的标准，也仍然有一些要素被遗漏；某些要素划分过于粗略，例如没有区分"依比例尺"和"不依比例尺"（这不仅是制图的需要，同时也反映了要素的空间几何特性），在图式中，纪念碑有依比例尺的纪念碑与不依比例尺的纪念碑。为便于信息处理，应用编码加以区分。

细化的根据主要包括：

（1）图式。图式中可能提供进一步分类，区分是否依比例尺或者划分为构件这方面的信息，特别要注意"简要说明"中的"实测"部分。

（2）应用目标。信息系统设计方案中可能要求对某些要素作更细致的划分，例如在道路类中再区分"步行街"这个要素。

5) 综合

这主要是针对细化出来的一些构件要素而言的。即一些不同的上位类要素会有相同的构件要素，而这些构件要素实际上可以单列为一个非构件型的要素。例如，"支架"在"桥式照射灯"、"架空管线"中都出现；"柱、墩"，也在"架空房屋"（实测）、"廊房"（配置）、"廊"、"传送带"（实测）、"漏斗"（实测）、"铁路桥"、"公路桥"、"双层桥"等中均出现，这就可以不在这些要素中再划分公共构件，这样做在应用上并不会造成问题。

7.1.3 系统建设的主要内容与功能设计

不同城市和不同部门在系统的建设规模和功能上具有一定的差别。一般而言，城市基础地理信息系统应具备如下基本功能。

1) 数据采集功能

系统具备高效的数据采集、记录、输入功能。针对不同的信息源，采用不同的数据获取方法和处理手段，主要包括数字化仪输入及扫描矢量化输入、机助测量技术直接获取外业数据、航测数字摄影测量数据采集技术、格式转换和键盘输入等。

2) 编辑修改功能

城市面貌不断改变，基础数据的更新维护工作每天都在进行，系统应具有高效的图形信息增改功能，提供方便实用的图形工具和用户界面。

3) 存储管理功能

建立科学、合理的地形图要素分类和编码标准，这是数据采集、组织、转换输出的依据。城市基础地理信息系统具有较广的服务面，因此基础地形图数据库内容应该是全要素、建立科学的存放结构、具有较细的信息分层，以满足城市信息系统各应用子系统的基础信息需要。

4) 查询统计功能

数据库的内容可按用户要求方便地以多种方式（包括图名、图号、坐标、城区名、地名、道路名等）对地形图进行查询，可完成分层、分要素提取、转换和输出，并可对地形图数据进行计算与统计（如计算面状地物的面积，统计指定范围内图幅数等）。

5) 信息输出功能

系统可对基本数据内容及满足一定条件的查询结果完成屏幕显示、存盘、绘图仪/打印机输出和数据转换工作，并满足现行图示标准。可对地形图进行任意分幅、裁剪与切割。

6) 信息处理功能

系统可根据基本地形图数据库完成派生信息的生成和处理，包括由大到小比例尺数据的编绘建库，满足某种应用的现状信息提取和进一步加工，满足特定分析功能的专题拓扑数据结构的生成。

7) 影像数据处理和矢量叠加功能

系统可完成高效的 DEM 数据生成和数字影像图处理功能，并可进行栅格与矢量数据的分层叠加处理。

8) 三维景观生成

系统可根据三维空间基础数据，建立城市及规划小区的三维景观模型，产生直观的视觉效果。

全市城市空间基础地理信息系统用来管理全市大量的各种类型的空间数据，为其他专业地理信息系统提供统一的空间定位基础。系统建设的涉及面广，具有多要素、多层次、多维度、时空特征明显等特点，其系统结构较为复杂。根据城市基础地理信息系统应具备的基本功能和全市城市空间基础地理信息系统招标书的功能需求，确定了如下主要功能模块。

1. 数据检查模块

该模块提供对各种预入库数据进行检查的功能。在数据进入基础地理信息数据库前，均需调用此模块的相应功能对数据进行前期检查，搜索可能隐藏的错误与数据缺陷，并生成检查报告。

检查的数据类型、格式与内容如下：

1）各比例尺的 DLG（数字线划图）数据

目前主要是 AutoCAD 格式，重点检查内容为数据精度、几何图形、拓扑关系、属性、分层等。

2）各比例尺的 DOM（正射影像图）数据

目前主要的格式为 GeoTiff，可自动检查的内容较少，一般使用辅助工具对其配准情况、坐标参考、色调等进行检查。

3）各比例尺的 DEM（数字高程模型）数据

检查内容一般包括坐标参考、高程值等。

各比例尺的 DRG（数字栅格图）数据一般为单值或灰度，可自动检查的内容较少，一般使用辅助工具对其配准情况、坐标参考等进行检查。

4）控制测量成果数据

需要对其精度、内容的正确性、完整性进行检查。

5）竣工测量成果数据

一般为 AutoCAD 格式，重点检查内容为数据精度、几何图形、拓扑关系、属性等。

6）验线成果数据

一般为 AutoCAD 格式，主要检查内容为数据精度、几何图形、拓扑关系、属性等。

7）各类专题图数据

矢量与栅格均有，需根据实际情况而定。

8）元数据

外部批量导入时，一般为文本或 Access 格式，需要对其内容正确性、完整性进行检查。

数据检查的界面如图 7.3 所示。

2. 数据入库模块

对各类经过检查的预入库数据，满足入库的数据标准后，执行入库操作。

入库时，应同时在元数据库中添加相关的元数据条目，在版本记录中进行注册，并同时写入操作日志。

入库操作一般针对完全新增的数据进行，同类同区域数据更新入库时，需调用数据更新模块，进行更多的关联处理操作。

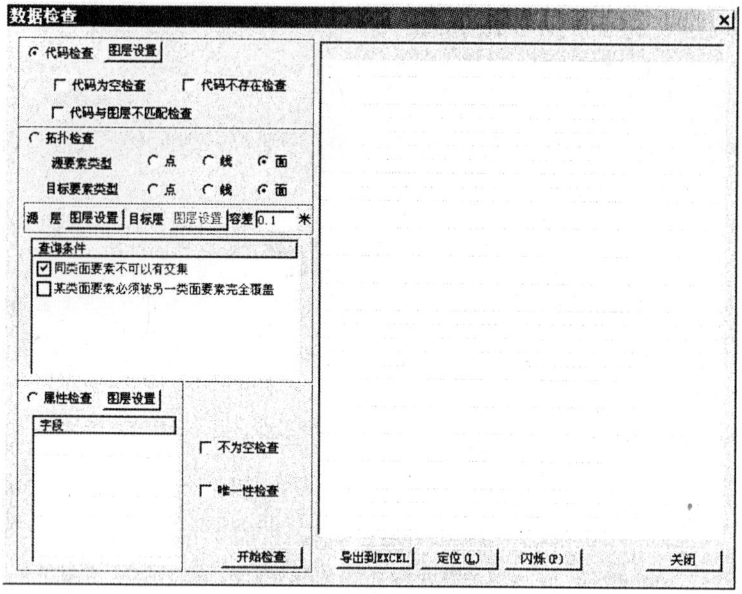

图 7.3 数据检查功能界面

支持的数据类型与格式如下：

1) DLG 数据导入

包括 AutoCAD 格式以及 Coverage、SHP 等数据格式的批量矢量地形图数据的导入。

2) DEM 数据导入

包括 ArcInfo 标准的 GRID、BIL 以及国家标准 DEM 交换格式的 DEM 数据的导入。

3) DOM 数据导入

包括 GeoTiff 或 Tif 格式的 DOM 数据的导入。

4) DRG 数据导入

包括 GeoTiff 或 Tif 格式的 DRG 数据的导入。

5) 控制测量成果数据

包括文本格式、Access 格式及图片附件。

6) 竣工测量成果数据

包括 AutoCAD 格式、Shapefile 格式。

7) 验线成果数据

包括 AutoCAD 格式、Shapefile 格式。

8) 各类专题图数据

矢量与栅格均有，包括 AutoCAD 格式、Shapefile 格式、Coverage、GeoTiff、Tiff 等，依据实际情况而定。

9) 元数据

包括文本格式、Access 格式。

数据导入时应考虑各类应用数据模型的兼容性，保证数据的完整性，需要关注的地

方有:

(1) 规划道路红线。包括 Spline 参数曲线,每个中间节点具有各自相应的转弯半径。

(2) 各种曲线。如 Circle, Arc, Polyline、Arc、Spline 组合的单根 Polyline (Arc、Spline 自动插值拟合)。

(3) 封闭曲线构成的面。包括 Polyline、Arc、Spline 组合的单个面 (Arc、Spline 自动插值拟合)。

(4) 其他复杂几何图形。包括组合线、面轮廓的平行线,多个多边形构成单一的面等。

数据入库的总体流程如图 7.4 所示。

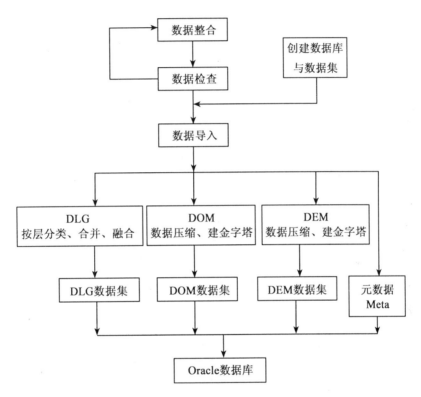

图 7.4 入库总体流程

AutoCAD 数据入库界面(定义图层、要素集、代码映射等),如图 7.5 所示。

3. 数据更新模块

对同类同一区域不同时相的成果数据进行入库操作,就是要进行数据更新的操作。

基础地理信息数据库的更新可以在两个级别间进行,它们分别是图幅级、要素级,即分别以图幅或要素为最小的数据更新单元,进行数据的更新与版本管理。

在数据更新的过程中,需进行一系列的关联处理,以满足基础地理信息数据库的版本管理与元数据管理要求,更新过程中需要进行的处理流程及相关的关联操作简述如下:

1) 图幅级更新

(1) 查找基础地理信息数据库中已存在的对应图幅范围数据的数据标识与版本号。

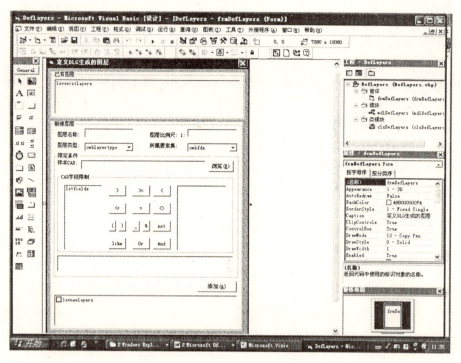

图 7.5 AutoCAD 数据入库界面

（2）在图幅版本库中增加新的版本记录、版本号递增，并创建新的数据标识。

（3）在元数据版本库中增加新的版本记录，版本号递增，并与已创建的新数据标识建立关联。

（4）将旧的数据移到图幅历史库中，并与该数据的图幅数据标识建立关联。

（5）导入相应的元数据到元数据库。

（6）导入图幅数据到基础地理信息数据库的对应图层。

（7）设定更新成功标志。

（8）进行图幅间的自动或半自动接边处理。

2）图幅级更新

（1）使用该要素的要素数据标识，在基础地理信息数据库查找需要更新的目标要素。

（2）在要素级版本库中增加新的版本记录、版本号递增。

（3）如需要，则在元数据版本库中增加新的版本记录、版本号递增。

（4）将旧的数据移到要素历史库中，并与该要素的数据标识建立关联。

（5）将新的要素导入到相应的图层。

（6）设定更新成功标志。

同样，数据更新时也应考虑各类应用数据模型的兼容性，保证数据的完整性。

4. 数据接边处理模块

本模块提供相邻图幅之间接边处理的功能。系统提供全自动和半自动的数据接边处理功能。

1) DLG 线状对象的连接

判断相邻图幅的线状对象。如果类型和属性相同，则把该对象合并到另一图幅内的同一对象中，同时删除该对象。这与数据编辑模块的"连接线"功能类似。

2) DLG 面状对象的合并

判断相邻图幅的面状对象。如果是类型和属性相同，则把该面对象与另一图幅内的同一对象合并，同时删除该对象。这与数据编辑模块的"面交叉处理"功能类似。

3) DLG 对象合并时属性处理

当对象合并或连接时，相应的属性也需要进行处理。

5. 数据编辑模块

本模块提供了各种要素对象（点、线、面、注记等）的编辑操作，如增加、删除、修改，各种结点操作，线状对象的自动连接与打断、面交叉的处理、线状对象与面状对象之间的相互转换、符号设置、Undo/Redo 等操作。目标连接界面如图 7.6 所示。

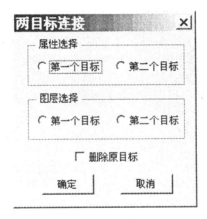

图 7.6 目标连接界面

6. 图形浏览与定位

本模块主要负责完成地图图形的浏览、漫游以及快速定位操作。空间位置的定位主要由以下几种方式来确定，每种方式不是完全独立的，可以相互联系，使用户能够快速地找到自己感兴趣的区域。包括的主要功能有：

1) 全局导航

提供一个全局导航窗口，以使用户在数据库全范围内任意浏览感兴趣的区域。主要功能：通过导航窗口来快速定位数据的显示范围。

2) 全屏显示

在窗口放大或者缩小之后，用户难以重新定位其他感兴趣的区域时，可以使用全屏显示功能。主要功能：让图形的整个范围以最合适的显示比例尺充满视图窗口。

3) 缩放

主要功能：固定或任意地快速放大或缩小显示用户感兴趣的数据范围。

4) 漫游

主要功能：在不改变视图显示比例尺的前提下，将视图外的数据移到视图内显示。

5）视图的回退与前进

主要功能：能够显示当前视图的前、后视图。

6）书签

主要功能：通过预先定义的书签来快速定位数据的显示范围。

7）按照图号定位

通过输入标准图幅号（1∶25万、1∶5万、1∶1万等），系统将根据图幅号来计算图幅所在的坐标范围，浏览图幅范围的数据。

8）按照图名定位

输入标准图名（1∶25万、1∶5万、1∶1万等），系统先根据图名得到图幅号，再由图幅号来计算图幅所在的坐标范围，浏览图幅范围的数据。

9）按照中心点或矩形范围定位

通过输入一个中心点坐标或一个矩形范围坐标，系统将地图窗口中心移到选择的坐标范围上。

10）按地名定位

通过输入图上地名，系统将地图窗口中心移到选择的地名位置上。若遇到浏览区域内的地图出现相同地名时，系统将提供相同地名的有关信息，经选择判定后，地图窗口显示该地名所在的地图。

7. 符号定制模块

提供地形图的符号化，表现用户自定义功能，包括符号库的选择、符号的定制，符号化方式的选择等。

对于特殊地物要素提供动态或静态的程序符号化功能，包括：

（1）点符号。有向点，如门墩、水闸、电线杆等。

（2）线符号。如道路、境界、行树等。

（3）有向线符号。如陡坎、围墙等。

（4）面符号。如建筑物、湖泊等。

（5）多线符号。含岛或环的面符号。

（6）特殊符号。如地下通道及人防出入口、电力线、变坡、不规则台阶等。

Ⅰ. 地图符号制作

地图符号制作主要指对地图符号库的编辑，包括添加符号、设计符号、存储符号以及删除符号等地图符号的编辑功能。综观目前的CAD和GIS软件，地图符号的制作主要有如下6种方式：

（1）文本编辑设计的方法，如AutoCAD的图形文件（Shp）、线文件和阴影文件，其特点是设计速度慢，不能实时观察所设计的符号。

（2）采用系统提供的二次开发语言编程，如原ArcInfo的AML语言，MGE的MDL等提供了编程实现地图符号的绘制接口。这种地图符号编辑模式对符号设计者的编程水平要求较高，难度较大。

（3）利用系统的图形编辑功能，如AutoCAD的块文件（Block），但这种方式受系统图形编辑功能的限制，且只能设计点符号，保存后的符号不能修改。

（4）使用字体编辑器软件来设计符号，很多GIS软件（如ArcGIS和MapInfo）都支持对字体文件的显示，可以将创建好的字体文件引入点符号库里，但这种字体符号只适用于点符号，而且是单色点符号。

（5）用 GIS 平台软件提供的地图符号编辑模块，如 ArcGIS、MapInfo、MapGIS、SuperMap 自带的地图符号编辑模块。

（6）使用主流编程语言开发的地图符号设计系统。

后两种方式是目前流行的地图符号设计方式。前 5 种实现方式各有利弊，且它们都不能脱离具体的系统环境，离开了 GIS 软件系统的支持，符号也就不能显示。

Ⅱ. 地图符号存储

地图符号存储主要有两种形式，即文件形式和数据库形式。

（1）文件形式

符号文件是地图符号存储的主要方式，通用的 GIS 软件的地图符号信息都存储在文件里。分为两种情况：一是点、线、面符号同时存储在一个文件中，二是点、线、面分别存储在不同的文件里。符号文件可以是文本文件、类型文件或二进制文件，符号信息被有序地存储在文本行或文件段中。

（2）数据库形式

为了保证地图符号库的一致性和地图符号库的共享，可以将符号信息存储在数据库中，很多大型的 GIS 应用系统都采用地图符号数据库管理办法。和地图符号文件的文件段一样，地图符号数据库用数据表来存储符号信息。数据表应该包括三个部分的内容：① 符号基本信息，记录符号的名称、编码和符号描述等信息。② 符号图素关系信息，存储每个符号所包含的图素，即符号和图素的对应关系。③ 图素信息，对于点符号有直线表、（椭）圆表、三角形表、矩形表等，线符号包括实线表、点线表、断线表等，面符号包括颜色填充表、线填充表、点填充表等。

Ⅲ. 地图符号绘制

地图符号信息存储在地图符号文件或地图符号库中，每个符号用符号编码或编号来唯一标识。通过建立编码对照机制，建立空间实体的地物编码与地图符号库中的符号标识之间的一一对应关系。它是地图符号绘制功能模块用以对空间实体进行符号化的依据。当用户要改变制图范围内某种地物的显示符号时，只需修改文件中该地物标识与符号标识之间的对应关系。建立这种空间实体与地图符号之间的对应关系可以在需要的情况下随时改变地物的显示符号，而且多种地物可以选择同一地图符号输出，不必重复设计相同的符号。因此，要实现符号绘制必须首先为地物指定一个符号编码，系统初始化时取出符号信息。当每次地图刷新时，根据地图要素的空间位置，按照地图符号的颜色、结构、尺寸、明度等视觉变量在地图上进行绘制。

本系统采用数据库符号化技术，以利于符号的维护、管理和共享。

8. 信息查询模块

信息查询模块主要分为图形查询、坐标查询、地名查询、注记查询、SQL 属性查询、元数据信息查询等。

1）点查询

点击选择任意一地物对象，系统将返回该图形对象及其属性信息。

2）矩形和多边形查询

在屏幕上拉框任意一个矩形范围、屏幕上增加一个多边形等，系统将返回一定矩形或多边形范围内的图形对象及其属性信息。

3）DLG 数据集中各图层要素的属性查询

通过属性查询工具，查询 DLG 数据集中各矢量对象及其属性信息。

4）DEM 数据集中的高程查询

通过鼠标在屏幕上移动或输入坐标点，查询 DEM 数据集中各像元的高程信息。

5）坐标查询

用户可以直接输入坐标值进行定位，然后查看当前窗口范围内的相关基础地理信息数据。坐标查询包括输入单点坐标、坐标范围定位两种坐标查询方式。

6）元数据信息查询

元数据不仅是最为详细的数据目录清单，且包含了丰富的、完整的数据描述信息，是用户了解基础地理信息数据库内容，在系统中快速查找、定位所需要的基础地理信息数据的重要途径。用户可以使用不同的组合条件在元数据库中进行检索，并可以单击检索结果定位到对应信息的空间范围，进行下一步的查看。

7）地名查询

通过属性查询工具，查询地名数据的名称、位置、行政级别、所属行政范围等信息。

8）控制测量成果查询

由于控制测量成果坐标值的保密要求，对控制测量成果的查询应进行权限控制，一般情况下只能得到加入了随机误差的点坐标值，必须具有特定的权限才能进行准确点坐标的查询。

9）SQL 语句查询

用户通过选择数据项和比较符等生成查询条件，查询满足条件的图形数据和属性数据。

9. 空间分析模块

系统提供对各类基础地理信息数据的统计分析功能，包括：

1）按行政区域统计

用户选择特定的行政区域，系统对该区域内的基础地理信息数据进行统计，并生成统计报表。

2）按任意区域统计

用户选择一个任意的空间区域，系统对该区域内的基础地理信息数据进行统计，并生成统计报表。

3）按类别统计

用户选择一个数据类别，系统对该类别的基础地理信息数据进行统计，并生成统计报表。

4）按图幅统计

用户输入一个或多个图幅，系统对该图幅包含的基础地理信息数据进行统计，并生成统计报表。

5）按查询结果统计测绘成果

用户执行信息查询后，系统对查询的基础地理信息数据结果进行统计，并生成统计报表。

空间分析包括拓扑分析、叠置分析、缓冲分析（如图 7.7 所示）、路径分析、网络分析和 3D 分析等，其主要操作对象为成果数据库。对 DOM 等具有边长、面积的量测功能。

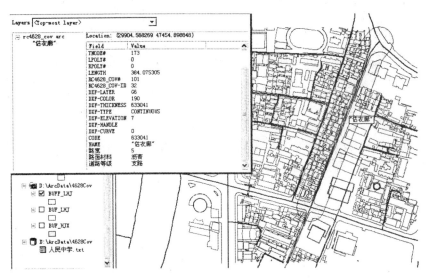

图 7.7 缓冲区分析

利用集成的 ArcGIS 相应功能可以实现不同比例尺、不同时期、不同种类数据的叠加，并在不同的层上实现空间分析，或采用矢量数据（如 DLG）与栅格数据（如 DOM）的联合空间分析。

10. 元数据管理模块

元数据管理模块提供各类基础地理信息元数据的录入、浏览、编辑等操作。

元数据的管理基本按三个层次进行，分别为各比例尺数据库、图幅、实体要素。不同的数据类型，元数据的层次不同。4D 数据、地名、综合管线按比例尺图幅生产，按一级、二级元数据进行组织，三维景观、城市地质等专题信息可以根据实际需要增加第三级元数据。

元数据管理还包含基础地理信息元数据的版本管理功能，包括版本的查看、编辑、删除等。

元数据的作用是可以通过它检索、访问数据库，可以有效利用计算机的系统资源，从而满足社会各行各业的用户对不同类型数据的需求以及交换、更新、检索、数据库集成等操作。

如图 7.8 所示，元数据的功能架构包括元数据输入、编辑、查询、检索、合并与导入以及在网上发布等。元数据管理系统应根据国家有关基础地理信息标准，采用面向对象的技术。系统提供空间数据的标识、内容、质量、状况及其他有关特征的全面描述，并进一步提供数据集编目信息和信息交换的网络服务。建立的元数据库管理系统应与数据发布系统结合起来。确定元数据的内容时，将以服务于数据利用为目标提供有关的评价信息。元数据管理系统应结合元数据的特点，在参考一定的标准的基础上开发方便、实用的元数据操作工具。

元数据库管理系统的建设首先要解决的问题是建立结构合理、内容丰富的元数据，然后在此基础上构建系统功能框架。元数据的功能架构如图7.8所示。

元数据管理子系统应能录入、编辑、查询、检索和管理元数据内容，并可根据需要有所扩展；应能对元数据进行合并、导入、导出；应具备元数据库与空间数据库之间的链接功能与互操作功能。

不同比例尺，不同图幅，不同数据种类应分别建立相应的元数据。由于图幅级元数据具有与相应的图幅对应的特点，因此，可以将元数据作为图幅的属性。这样，元数据就成为矢量要素类的一个组成部分，可以按矢量数据的管理方式进行。元数据可由关系数据库管理系统（如Oracle）管理，同时结合基础地理信息系统平台提供的元数据管理方式进行。数据的查询与基础地理数据连接，在基础地理数据库中可随时查到元数据。

在基础地理数据的数据集描述（元数据）中，由于基础地理数据集具有继承关系，制定数据集元数据标准时，一般按数据集系列元数据、数据集元数据、要素类型和要素实例元数据等几个层次加以描述。

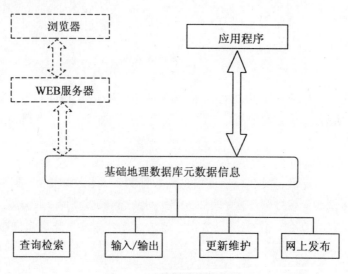

图7.8 元数据的功能架构

对于数字线划图、数字正射影像图、数据高程模型、综合地下管网、地名信息等类型的数据，通常是按照地形图的标准分幅来生产和保存的。数据生产部分对于基础地理数据的存储方式采用地形图的标准分幅，而在基础地理信息系统应用时，基础地理数据是采用无缝拼接的方式保存的。所以，数据集系列层次的元数据可以定在图幅一级。例如，对于数字线划图来说，数据集系列层次的元数据保存的是不同比例尺数字线划图（如1∶500数字线划图）中的描述内容；按图幅分幅划分的数据集层次的元数据保存的是某一比例尺下数字线划图每幅图的描述内容。

11. 版本管理模块

版本管理包括元数据的版本管理及基础地理信息数据的版本管理两部分。基础地理信息数据的版本管理与元数据的版本管理操作进行关联，对基础地理信息数据的版本管理操作会影响到相应版本的元数据。

基础地理信息数据历史版本管理按三个层次进行，分别为各比例尺的数据库、图幅、要素。

数据版本管理包括版本的基本信息查看、历史版本数据浏览、删除等功能。

12. 坐标转换模块

坐标转换模块可以对各类基础地理信息数据进行坐标转换操作。坐标系的转换可分为动态投影与静态转换两种。

动态投影是指系统在运行时，可以改变当前地图显示使用的空间参考坐标系，系统自动将不同坐标系统的数据投影到当前空间参考坐标系下。

静态转换是读取原始数据的坐标，将每点的坐标转换到新的坐标系下，生成新的数据文件。

基础地理信息系统中的基础数据一般具有多种平面坐标系和高程系，系统在对多比例尺数据进行统一管理时，可能需要进行坐标系统的转换和高程系的转换。系统提供国家、地方常用的坐标系统转换功能，自动变换图形数据。坐标系统、高程系统转换如图7.9所示。

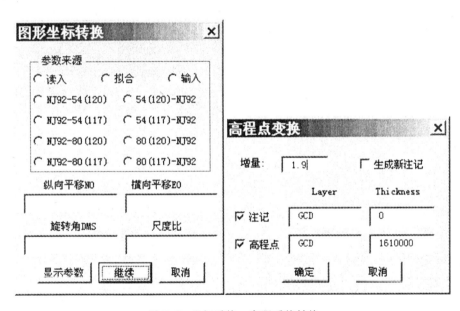

图7.9 坐标系统、高程系统转换

由于对某些数据进行坐标转换时，需要的一些参数具备一定密级，故系统设计与实现时还应考虑到参数的保密问题。

13. 数据导出模块

通过数据导出模块提供的功能，为基础地理信息数据的分发与共享提供工具与手段。从数据类型来说，数据导出主要包括矢量格式数据导出、栅格格式数据导出两种。

1) 矢量格式数据导出

导出时可以按多种方式进行，如按图幅、按行政区划、按任意空间范围、按查询结果等。导出过程可以同时进行坐标系统的转换，具体可转换到的目标坐标系参见坐标转换模块。

用户可以选择导出的目标矢量格式，包括 Shapefile、CAD、MIF 等格式。

2）栅格格式数据导出

导出时可以按多种方式进行，如按图幅、按行政区划、按任意空间范围等。导出过程可以同时进行坐标系统的转换，具体可转换到目标坐标系参见坐标转换模块。

用户可以选择导出的目标格式，包括 GeoTiff、Tiff、Image、Grid、Bmp 等格式。

基础地理信息系统数据格式转换的核心任务之一，是为各行业的专业地理信息系统提供基础空间信息。因此，能够从基础地理数据库中提取相应的专题信息，并进行数据格式转换（如图7.10所示），以满足不同平台（ArcGIS、AutoCAD、Microstation 等）的应用需求，是系统的重要功能之一。

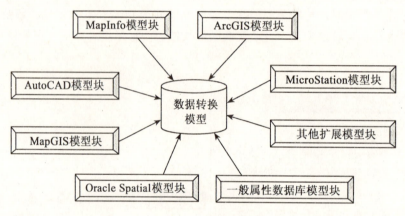

图 7.10 数据转换

14. 打印输出模块

在打印输出模块中，用户可以叠加多种类型的基础地理信息数据，可随意定制任意范围、任意比例、任意纸张、任意输出范围地图的制图输出，并提供对图的修饰功能。具体的功能描述如下：

1）标准图输出

按照地图制图标准和规范，进行标准比例尺（1：500、1：1000、1：2000、1：1万）地图的制图输出。系统自动生成满足地图制图标准和规范的地形图图幅整饰信息。

2）任意范围输出

用户可以用鼠标框选任意空间范围的数据进行打印输出。

3）当前窗口输出

用户可以将当前窗口空间范围的数据进行打印输出。

4）按比例尺输出

用户可以将一定空间范围的数据按指定的比例尺进行打印输出。

5）带状图输出

用户可以对指定要素的缓冲区（如道路的缓冲区域）进行带状图打印输出。

6) 旋转输出

用户可以对指定范围的图形绕其中心点进行任意角度的旋转，并可以打印输出。

7) 页面视图

提供打印制图输出的页面视图，所见即所得，用户可以在页面视图中实时预览打印输出的效果，还可以在页面视图中进行放大、缩小、漫游操作，进行各种打印参数的设置等。

8) 图幅整饰

提供各种制图整饰信息的可视化增加、修改、删除功能，具体包括如下方面：

(1) 点符号。

(2) 线型。

(3) 面及填充样式。

(4) 文本。

(5) 指北针。

(6) 比例尺。

15. 手写输入模块

为便于用户使用系统，增强易用性，提高数据输入的效率，系统提供手写输入的支持，用户可以使用手写输入设备（如手写板）进行文字、图形的录入。

16. 日志管理模块

用户在操作系统的过程中自动产生相应的日志信息，包括操作者、机器 IP 地址、时间、操作内容与对象等信息。日志管理模块主要进行日志的记录、查看、保存等操作。

7.2 城市规划管理信息系统建设实例

7.2.1 规划局信息化的几种模式

本节主要对目前规划局内信息化管理的模式进行总结，并对具体系统的维护方式进行归纳。

1. 有独立的信息化主管部门

这种情况适用于已经成立了规划信息中心的规划局。这里有完整的人员管理和维护与规划业务相关的信息化工作，信息中心的人员不但对规划局的日常业务非常熟悉，并且可以结合相关的 IT 技术，归纳出规划局的信息化要求和目标，并通过立项组织相关开发单位进行实施，在项目建成后可以有效地对项目进行维护工作。可以说，建立信息中心可将和规划业务相关的各类空间、非空间信息进行完善地管理，是规划局信息化工作必须要走的一步。

2. 由测绘管理部门代管理

这种情况主要适用于没有相对独立的规划信息中心的规划局，通过测绘管理部门（测管处）兼管规划局的信息化工作。这种建制主要针对空间数据的生产、更新及维护，由测管部门围绕空间数据为主线，以业务应用为辅助，完成规划的信息化管理工作。

3. 委托开发商维护

这种情况主要适用于县级或区级的规划局（所）。由于编制或其他人员的问题还不能很好地建立相关的信息管理部门，可以由开发商以年为单位，以技术服务的形式为规划局目前的相关系统提供维护工作，同时提供技术培训服务，配合相关单位建立自己的信息中心。

7.2.2 业务系统和数据的几种整合模式

与城市规划相关的信息系统是一个图文结合的系统，在系统的实施过程中除了一般MIS系统所要考虑的业务信息外，还应考虑和规划相关的空间数据的情况，因此这种项目的实施模式就可以归纳成以下几种：

1. 空间数据先行

这种模式以空间数据作为整个规划局信息化的主线，通常这种模式首先从与规划相关的各类空间数据着手，进行数据建库的工作，其主要目标是建立各类空间数据的标准化体系，规范数据的生产、监理、入库和应用模式，并以此为基础建立数据的完善的更新机制。通过统一的面向规划管理的空间数据库组织和管理各类空间数据，通过数据库管理系统体现数据更新和应用的模式，这样为规划局的信息化建设提供一个可靠的空间数据框架。未来规划局其他的业务系统，例如：规划审批系统、规划编审系统、电子报批、行政办公等，都可以基于此空间框架进行。由此建成的系统扎实可靠，其缺点是空间数据的管理和建立需要一定的时间，因此在短期内不能为规划应用提供服务，整个信息化的建设周期比较长。

2. 业务系统先行

这种模式从规划局的主线业务（一书两证）入手，建立规划审批系统，利用MIS技术、GIS技术对目前规划局的业务进行完整的归纳，实现业务审批的办公自动化，同时对于和业务相关的空间数据采用整理入库的方式先存入数据库中。这种模式的优点是可以快速地提高规划办公的效率；缺点是空间数据的更新机制不是特别完善，对于用地红线可以在办公过程中更新，而地形数据则主要通过竣工测量实现更新，然而没有很好的海量数据的更新机制。

3. 空间数据和业务系统并行

这个模式是上两种模式的结合，优点是在高效建立规划管理的空间数据框架的同时，可以快速地实现规划管理的应用。这种模式要求信息中心有比较强的管理团队配合，同时项目的投入相对会很大。

7.2.3 通用业务流程的总结

1.《建设项目选址意见书》办理程序

（1）建设单位持项目建议书批准文件向国土规划管理局提出定点申请。

（2）根据城市规划要求和建设项目的性质、规模，国土局发出项目选址定点建议书，提出规划设计条件，报县政府作为项目可行性研究的依据。

（3）根据城市规划审查建设项目可行性研究报告，核发选址意见书。

建设项目选址意见书的业务审批流程如图7.11所示。

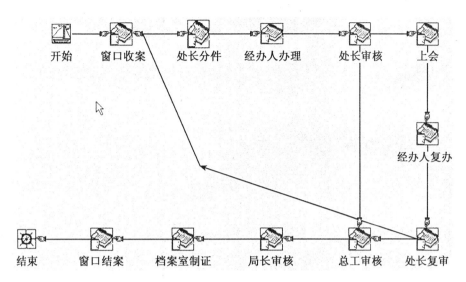

图 7.11　建设项目选址意见书的业务流程图

2.《建设用地规划许可证》办理程序

(1) 建设单位持项目批准文件和选址意见书向国土规划局提出定点申请。

(2) 国土规划管理局根据建设项目的性质、规模，按规划要求核定其用地位置和界址，提供规划设计条件。

(3) 审核建设单位提交的有权测绘单位测绘的用地地域的 1：500 地形图和规划设计总平面图或初步设计方案。

(4) 建设单位填报建设用地规划许可证审批表，经国土局查勘、审核、批准后，发给《建设用地规划许可证》。

建设用地规划许可证审批的业务流程如图 7.12 所示。

3.《建设工程规划许可证》办理程序

任何单位需要新建、扩建、改建各项建设工程，均必须向国土规划管理局申请领取《建设工程规划许可证》，其办理程序如下：

(1) 建设单位持有权部门批准的建设项目文件和建设用地批准文件或证件，拟建范围有权单位测绘规划的 1：500 地形图、规划图，向国土局提出建设申请。

(2) 国土局根据城镇规划，提出建设工程规划设计要求，核发《建设工程规划设计要求通知单》，作为建（构）筑物工程设计的依据。

(3) 建设单位填报建设工程规划许可证审批表（附（1）建设项目的批准文件；（2）土地使用证件；（3）拟建范围的规划图；（4）建筑施工图；（5）地质勘探报告；（6）消防及有关部门审批意见），经国土局有关人员查勘、审核、批准后，发给《建设工程规划许可证》。

(4) 建设单位取得《建设工程规划许可证》和其他有关批准证件，经国土局派员现场放线后方可开工。

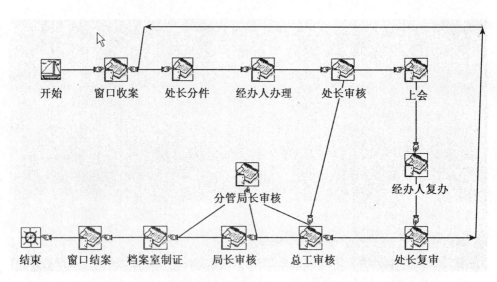

图 7.12　建设用地规划许可证审批的业务流程图

7.2.4　系统开发前期准备及数据准备

1. 成立系统建设的临时机构，并为长期运行做准备

确定系统建设的人员配备，在系统建设初期，规划管理机构的业务领导亲自负责，业务人员的代表了解系统的功能、参与计划的制定是非常重要的。

2. 了解、考察相似系统，获得相关的经验、教训

通过考察一些已经稳定运行的城市规划管理信息系统，获取相关的建设经验和开发资料。

3. 制订长期计划

建设信息系统的初期，应制订一个总体的、长期的计划，然后分步实施。该计划主要解决如下问题：

（1）提出分阶段的应用目标。

（2）和具体应用目标相对应的哪些业务需要作规范化的调整。

（3）为了实现应用，要建设的数据库有哪些内容，制订什么标准，依靠什么机制更新。

（4）依托什么队伍进行技术开发，提供技术服务。

4. 确定应用目标

城市规划管理信息系统开发、应用是一个从低级到高级的逐步发展、分阶段完善的过程，信息系统所实现的应用大致有：

（1）建设审批案件的表格化管理。

（2）用地、建筑、市政设施审批的图形注记。

（3）内部纸介质业务档案编号、摘要、注释、计算机检索。

（4）地下管线图形和属性数据管理。

（5）建设项目审批的文字资料内部流转。

（6）建设单位电话查询、公共互联网查询项目审批进展状况。

（7）建设项目审批的图文办公信息相互集成。

（8）建设项目资料（包括项目设计图和有关文字）的数字化申请、规划管理机构的数字化批复（也包括图和文）。

（9）申请资料、批复材料公共互联网网上传递。

（10）建立规划编制成果数据库。

（11）规划法规、标准、规划成果、管理案件、规划方案网上公开，听取社会意见、接受监督。

（12）建设项目检查、验收、违法建设办案的信息化。

（13）规划和土地、房产管理、市政公用事业、园林绿化、环境保护、交通、公安、统计等机构交换、共享数据。

（14）利用网络，上下级管理机构之间远程办案、实时办案。

上述是按大中城市独立规划管理机构的模式提出的日常性应用，各地可以根据城市规模、机构设置、管理体制、信息化基础、经费和人力条件分阶段、逐步实现上述应用目标，也可以跨越式、跳跃式地发展，或提出更深层次的其他应用。

从简单向复杂、从低级到高级的过渡，会产生数据标准化、软件通用化、业务规范化的问题，在比较长远、全面的设想、计划基础上制定近期目标可以防止数据库建设、软件开发、业务调整上的冲突和矛盾。

5. 获得上级政府的财政支持

系统的初期建设需要集中式的经费投入，所需费用包括计算机硬件（含网络设施）、软件平台、软件开发、员工培训、数据采集和输入。

6. 业务的规范、稳定，适合信息化要求的准备

就目前的普遍现象，业务的规范和稳定不是单单为了信息系统建设，但对信息系统来说是必要条件。

7. 初步确定数据库内容、数据来源、更新机制

数据的来源是规划管理信息系统的基础，及时更新是系统运行的主要成本，在系统建设初期，要在体制、人员、经费上做好准备。

8. 选择技术开发模式

对于绝大多数城市来说，完全依靠自身的技术人员难以建设一个功能齐全、内容综合的信息系统，而目前市场所能提供的技术还不成熟，因此如何选择合作伙伴往往对系统的成败影响很大，一般来说，合作的方式分：①主要依赖合作者；②联合开发；③以自己为主、合作伙伴为辅三种。具体采用何种方式，是选择一个伙伴还是多个伙伴，要和自身的条件、应用目标、合作对象密切结合。

从自己的条件来看，需要考虑的因素有：

（1）自身的技术人员多或少、强或弱。

（2）现有系统有或无、发展历史长或短。

（3）近期的目标是开发一个综合性的系统还是实现某个单项功能。

（4）掌握的经费是集中使用还是分年度均衡使用。

从合作对象来看，需要考虑的因素有：
(1) 实力强或弱、信誉好或差、机构是否稳定。
(2) 提供综合性的设计、开发、实施服务还是只提供某些专门的技术。
(3) 技术特长、优势在什么地方。
(4) 现场服务是长距离出差解决，还是经常性现场服务，甚至是随叫随到的服务。
根据上述因素的综合考虑，才能选择合适的合作伙伴以及合适的合作方式。

9. 数据准备

系统开发前期应准备好有关各业务审批表、证书及通知书、查询要求、统计要求、各类图形等资料。具体如下：
(1) 规划部门业务功能划分、实际操作人员名单及职责表一份。
(2) 业务审批流程及审批表，每一业务类型各一份。
(3) 提供选址意见书原件或复印件样式一份。
(4) 提供建设用地规划许可证原件或复印件样式一份。
(5) 提供建筑工程规划许可证原件或复印件样式一份，建筑工程规划许可证副本样式一份，临时建筑工程规划许可证样式一份，市政工程规划许可证样式一份。
(6) 其他各业务类型的批准通知书、修改通知书和复函等样式各一份。
(7) 一般查询、关联查询、综合查询、图文混合查询的要求及查询报表的格式。
(8) 各业务类型中的数据统计要求、项目分类统计浏览表格式及要求、承办项目统计表格式、统计上报表格式、涉及收费的账目统计要求等。
(9) 督办子系统的要求。
(10) 监察子系统的业务构成及要求。
(11) 基础地形图应完成图形数字化进入本系统的预备工作。
(12) 总体规划图转换成相应图形处理软件的 GIS 数据格式。
(13) 规划道路红线图，完成图形数字化的工作。
(14) 另外，需数字化的还有：历年规划设计成果、现状道路图、行政区划图、文物保护规划图等。
(15) 各类法规、技术标准和地方政府、部门规范性文件等资料也需收集整理。

7.2.5 图文查询与图档功能设计

实现图文互查功能的基础是建立空间数据和属性数据之间的关系。实现图文互查包括两层含义：
(1) 从图查文——这就是空间查询，根据用户所选定的空间要素，查出相应的属性信息。这些属性信息是根据关联关系和用户指定类别来获得的。
(2) 从文查图—— 这就是逻辑查询，即从给定的与空间数据相关的属性数据中，通过给定一定条件，将相应的图形空间数据查询出来。

对于空间查询而言，一般 GIS 系统都会提供如下两种方式的查询：
(1) 点选取。即用户选中一个要素来获取该要素的相关属性。
(2) 多边形选取。即用户通过输入一系列点来获得选取范围，将整个范围内满足要求的数据全部查询出来。

由于工作空间存在多个图层数据，且用户一次查询的往往是一种要素类的数据，同时如果将各个要素的属性信息全部查询，将影响其显示效果，所以，在进行空间查询时，必须先指定所操作的图层。

逻辑查询从实质上而言是一个结构化查询语言（SQL）查询与图形选取功能的结合。对于用户而言，对 SQL 可能并不了解，而且要完全学习 SQL 语句是困难的，所以系统提供一个 SQL 查询生成器，用户只要具有基本的逻辑关系知识就可以方便地生成 SQL 查询条件。对于查询结果，如果是空间数据，提供两种表达形式：①创建新的图层来进行表达，即这个查询结果是可以保存的，它主要是针对这些结果需要继续使用和输出的用途而言的。②对于空间数据的查询结果不需要保存和继续使用的，就通过选中状态来表示，如果用户进行选择其他要素或者取消选择，则选择状态消失。如果是属性数据，对于单一记录的数据，通过列表方式来显示；如果是多条记录，则通过表的方式来显示，对这些数据可以进行打印和保存。提供两种保存方式：文本文件和 Access 数据库表。

与空间查询相类似，还存在空间过滤的查询方式，即在空间要素之间，通过包含、接触、相离、重叠等拓扑关系来获得相应的空间要素。从本质而言，它包括了基本的空间分析功能，在选中的空间要素的基础上可以继续进行属性查询，获得相应的属性信息。查询的结果同时存在空间数据和属性数据，可以形成图文报表，即包括专题图和报表。

例如，对于一个用地案件，可直接与图形相关联，选择一个案件，切换到图形子系统，利用拨地工具拨出一块用地，然后将新拨出的地块与所选文档相关联（如图 7.13 所示），以后就可以进行从文到图和从图到文的关联查看。这就是说，以后在填写表单、签署审批意见等报案过程中，可实时调出案件所属地块的拨地图、基础地形图等空间信息；而在拨地图中，可任意选取某一地块，查看该地块的文档情况（如图 7.14 所示）。

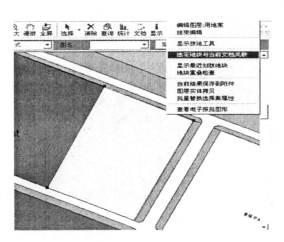

图 7.13　文档相关联

对于图文一体化的规划管理办公子系统来说，图文数据的互流和互操作是系统的主要特点，由于系统采用的是业务规则的处理方式，所以很容易根据业务操作和图层操作过程产生一致的数据模式，即图可以很容易提供数据供办公使用，业务审批中产生的信息也可以很容易生成图形的属性信息，这样，图文之间可以相辅相成，从而真正形成图文完全

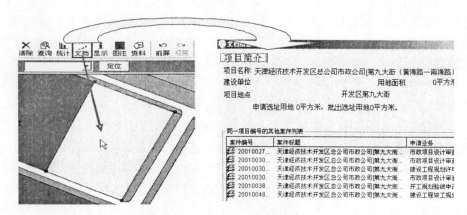

图 7.14　从图到文的查看

一体的办公系统。系统界面如图 7.15 所示。

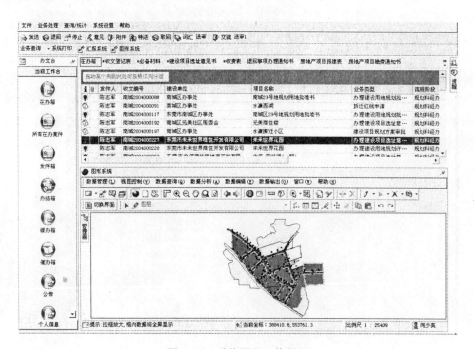

图 7.15　系统图文一体界面

7.2.6　规划监察系统设计

违法案件查处的完整过程包括：受理登记 → 现场调查 → 停工通知 → 立案 → 调查取证 → 审理 → 陈述申辩权告知 → 听证 → 处罚决定书 → 处罚决定书送达 → 行政复议 → 行政诉讼 → 强制执行 → 结案，整个过程时间长达数月甚至更久，材料复杂，查找困难。

为了设计和建设基于计算机网络的城市规划监察信息系统，系统设计时在了解规划监察工作程序的基础上，配合规划监察大队与相关处室，对案件处理流程及使用的各类审批表按有关法律法规规定和相关文件进行统一规范，用一组业务流程图描述了执法监察业务办案过程的规范化工作程序以及相应的审批表。

规划监察信息系统功能设计一般包括如下方面：

1. 案件录入

操作人员根据各自的部门、职务、姓名及相应的口令密码进入系统，操作人员可录入案件的基本情况、审批办理意见等。

2. 案件审批

从受理→立案调查取证→审理→送达执行→结案各环节的各种资料和审批表，并可通过打印机输出相应的资料、审批表格、通知书、行政处罚决定书等，如图 7.16 所示。

3. 现场资料录入

操作人员可以输入、管理在违法案件办理过程中拍摄的有关照片资料。

4. 案件查询

统计案卷信息查询：授权用户可以很方便地查询案卷的各种文字图形信息等。

办案过程的实时监督：大队、局有关领导可以随时查询在办案件的办理状态。

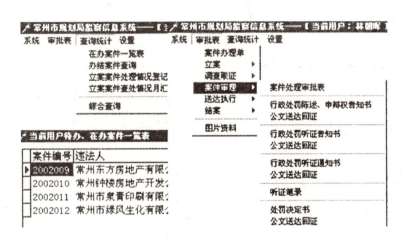

图 7.16　违章查处系统运行界面

5. 图形综合信息查询

图形综合信息查询包括两类图形的信息查询：一类是违法案件办理过程中拍摄的有关照片等资料的查询；一类是与违法单位有关的包括用地审批情况、规划审批情况、地籍权属、红线图、分区规划、总体规划等在内的文字与图形等相关信息的查询。

6. 统计

受理案件、立案案件等有关信息的统计（部分），如图 7.17 所示。

7. 系统设置

包括用户设置、系统授权、密码修改等。系统可对不同的操作人员设置不同的操作权限、业务审批范围、业务审批环节等，从而确保了系统的安全性和保密性。

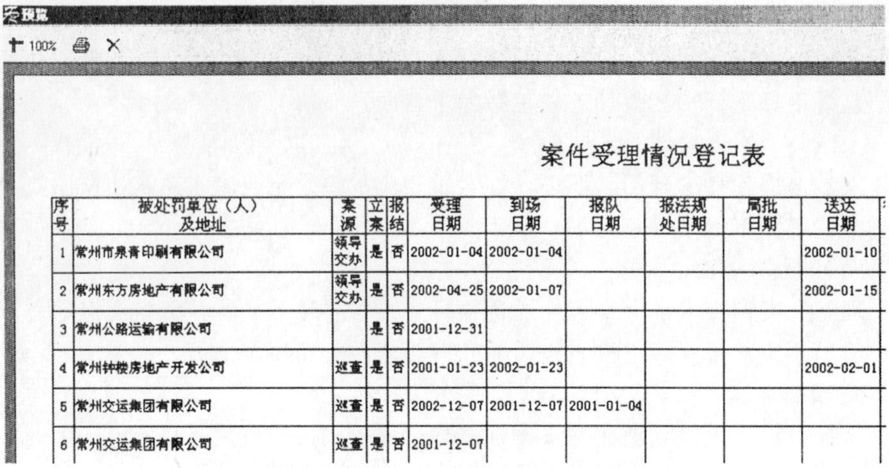

案件受理情况登记表

序号	被处罚单位（人）及地址	案源	立案	报结	受理日期	到场日期	报队日期	报法规处日期	局批日期	送达日期
1	常州市泉青印刷有限公司	领导交办	是	否	2002-01-04	2002-01-04				2002-01-10
2	常州东方房地产有限公司	领导交办	是	否	2002-04-25	2002-01-07				2002-01-15
3	常州公路运输有限公司		是	否	2001-12-31					
4	常州钟楼房地产开发公司	巡查	是	否	2001-01-23	2002-01-23				2002-02-01
5	常州交运集团有限公司	巡查	是	否	2002-12-07	2001-12-07	2001-01-04			
6	常州交运集团有限公司	巡查	是	否	2001-12-07					

图 7.17　案件受理统计表

7.2.7　系统运行环境与网络平台选择

1. 硬件环境

（1）客户端最低配置见表 7.1。

表 7.1

微机	Dell G×270，2.8GHz CPU，1GB 内存，7200rpm 硬盘
显示器	普通 SVGA 彩色显示器
网络设备	局域网
显卡	64MB 显存图形卡
打印机	普通打印机

（2）服务器端最低配置见表 7.2。

表 7.2

服务器	DELL PowerEdge 2850，3.0GHz XeonEM64T CPU×2， 2MB 二级缓存，2GB 内存，10000rpm SCSI 硬盘
网络设备	100MB 局域网

2. 软件环境

（1）客户端最低配置见表 7.3。

表 7.3

操作系统平台	Windows XP（Professional）SP2
用于报表输出	Microsoft Word/Excel
图形绘制、处理	AutoCAD14/2000/2002/2004/2005/2006
防病毒软件	Kaspersky Anti－Virus 或其他

（2）服务器端最低配置见表 7.4。

表 7.4

操作系统平台	Windows Server 2003 Enterprise Edition
防病毒软件	Kaspersky Anti－Virus 或其他

7.2.8 系统总体投资概算与开发时间计划

1. 信息系统建设、运行、维护所需的费用

信息系统的费用包括硬件、网络通信、软件平台、应用开发、数据采集和更新、系统管理和维护等。

（1）硬件设备。包括计算机及其外部设备、网络设备。硬件设备在性能提高的同时价格逐年下降，但是因软件对硬件的要求逐年提高，为了发展新的应用，相隔 4～5 年，主要硬件设备就需要更新或升级一次。

（2）网络通信。网络通信费用主要发生在远程通信上，与业务模式、网络应用方式、网络供应商有密切关系，费用差距很大。

（3）软件平台。软件平台是从市场上购买的，如果应用很稳定，软件平台一次购买后可以长期不变。当应用有明显的更新、发展时，往往带来购买其他软件平台或对现有软件平台升级的需要。

（4）应用软件开发。软件的应用开发就是组织人力开展信息系统中软件的设计、编码、测试。它可以包括信息系统从策划、调研、设计、实现到运行的全过程，也可能仅为某个特定的功能编制一个程序。软件开发工作是看得见的人力资源消耗，技术含量高、劳动强度大、质量控制难，往往需要本单位、外单位的技术人员合作完成，所需的经费主要是人员费，价格、工作量上的弹性很大（软件平台、硬件因形成了产品，其内在的人力资源消耗已被隐含在价格中）。

（5）数据采集、输入、更新等工作的费用。

（6）系统管理、维护等工作的费用。

2. 关于费用的估计和使用

上述经费的估算对不同城市、不同应用、系统发展的不同阶段有很大差异，按目前典型的体制条件和工作习惯，费用的相对关系却是比较明显的，按大小可以排序如下：

日常数据更新 ＞ 系统初期数据采集 ＞ 应用软件开发 ＞ 软件平台 ＞ 硬件

项目开发时间计划如表 7.5 所示。

表 7.5　　　　　　　　　　　　项目开发时间计划表

序号	工作内容	计划工期	开发周期
1	需求分析、概要设计、详细设计	××年××月××日—××年××月××日	30 天
2	地下管线系统、电子报批系统开发	××年××月××日—××年××月××日	30 天
3	地下管线系统、电子报批系统测试试运行	××年××月××日—××年××月××日	60 天
4	基础空间数据建库系统、规划管理办公自动化系统升级，行政办公自动化系统，规划编制成果管理系统开发	××年××月××日—××年××月××日	150 天
5	基础空间数据建库系统、规划管理办公自动化系统升级，行政办公自动化系统，规划编制成果管理系统测试试运行	××年××月××日—××年××月××日	30 天
6	正式试运行	××年××月××日—××年××月××日	60 天
7	验收	××年××月××日—××年××月××日	15 天

7.3　城市地下管线信息系统建设实例

随着城市经济、科技和人民生活水平的不断提高，所需的地下管线日渐增多，城区地下已经密如蛛网的各类管线还将有增无减。种类繁多的地下管线，由于缺少统一的管理系统和准确的管线资料，在城市建设中常有管线被破坏的现象，造成通信中断、煤气泄漏、污水漫流等，给人民生命和国家财产造成巨大威胁和无可挽回的损失。据有关资料统计，我国大城市仅每年管线损坏造成的损失就达 20 亿元，全国约 70% 的城市没有完整的地下管线资料，地下管线家底不清的现象普遍存在。传统的城市地下管线普查技术与管理方法已经无法满足城市规划管理的需要。因此，建立以 GIS 技术为核心的、面向城市规划建设管理的综合性地下管线信息系统具有重要的意义。

城市地下管线信息系统为了满足城市地下管线建设管理的要求，结合当前地下管线管理的现状，建立了以普查地下管线数据为基础的综合地下管线系统。系统将实现地下管线数据的采集、存储和分析等管线管理工作，并实现与地下管线规划审批、竣工入库等业务的有效集成。同时，根据综合管线系统与专业管线数据的关系，形成以规划局为中心，上连市政府有关部门，下连各专业管线单位的网络，建立覆盖整个城市的分布式应用和集中管理相结合的综合地下管线信息系统。

7.3.1 地下管线的特点

作为城市的重要基础设施，地下管线是城市规划、城市建设以及城市管理的基础资料之一。城市地下管线的主要类型有：给水、排水、通信、电力、燃气、热力、工业管道等。

1. 城市地下管线的特点

（1）城市地下管线的隐蔽性确定了其资料完整、准确及动态管理的重要性。

（2）随着社会、科技进步与城市增长，城市物质流、能量流与信息流量的增大，城市地下管线的密集度也会急剧增大，空间分布也急剧扩张。

（3）城市地下管线的分布与城市地面上人流、车流和建筑密度在空间分布上呈明显的正相关。

（4）城市地下管线与地上管线密切相关，不能分开管理。

（5）城市地下管线种类繁多，与地下各项工程设施的交叉矛盾日益突出。

（6）城市地下管线是布局复杂的网，其网络功能日趋重要，如通信网、供水网、排水网、电力网等。网络功能给我们带来了技术上的复杂、管理上的困难。

2. 城市地下管线信息系统的特点

城市地下管线信息系统是指采用GIS技术和其他专业技术，采集、管理、更新、综合分析与处理城市地下管线信息的一种技术系统。它具有以下特点：

（1）城市地下管线信息系统是一个四维的系统，隐蔽性决定了埋深与时间及三维空间动态的复杂性。

（2）隐蔽性、埋设位置的集中性也决定了地下管线数据的重要性，数据的完整性、可靠性与准确性（高精度）是地下管线信息系统实用性的关键。

（3）非常重视线段间的连接性和彼此间的关系，必须具有综合的网络分析功能，如用拓扑关系进行最短路径分析、管线事故分析、选址分析等。

（4）城市地下管线信息系统是一个信息在空间分布上极不均匀的空间异质系统，建成区内密度大，从中心区向城市边缘急剧减小。

（5）城市地下管线信息系统必须将地下、地上的各种管线纳入统一的管理系统中。

（6）城市地下管线信息必须同管线探查、测量和成图系统具有良好的衔接能力，以便通过管线普查、竣工测量等方式确保系统数据的采集与现势性。

7.3.2 地下管线的数据模型和数据结构

1. 数据模型

城市地下管线虽然种类较多，但其空间结构基本一致。一般都由管线点、管线段及其附属设施构成，在GIS中均可用点和线进行描述。从几何角度看这些对象可以分为点、线对象两大类，按空间维数分则有零维对象（如三通，四通，阀门等）、一维对象（如污水管,排水管,自来水管)。按照面向对象的观点,根据空间对象不同的几何特征(点、线),可以将上述实体分别设计成不同的对象类。

随着时间的推移,必然有管线的变更,新增,废除等事件不断发生,这些事件可引起管线实体空间或属性的变化,因此,将这些事件定义为修测类型,将事件发生的时间定义为修测工程号。将各种数据结构单元附上时间标记(修测工程号)和事件标记(修测类型),形成时空对象类,以这些类作为设计模型的基础,如图7.18所示。

(1)点(Point)。节点 ID(用户标识码),结点 X 坐标值,结点 Y 坐标值,修测时间,修测类型。

(2)线(Line)。线段 ID(用户标识码),线段起始结点 ID,线段终止结点 ID,修测时间,修测类型。

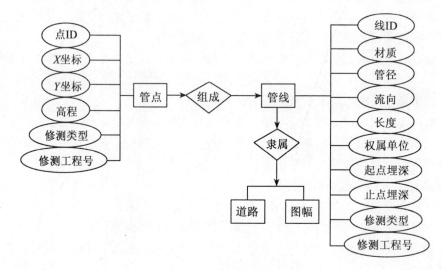

图 7.18 管线数据模型

2. 数据结构

1)管线数据的分层标准

管线数据的分层标准按照《城市工程管线综合规划规范》(GB50289—98),如表7.6所示。

表 7.6 管线数据分层标准

类别	图层名称	主要内容	实体类型	层名
电力管线	电力管线	电力管线及其附属设施和特征点	点、线	DLGX
	电力管线线状附属设施	依比例表示的电力管线附属设施外围线	线	DLL

续表

类别	图层名称	主要内容	实体类型	层名
电信管线	电信管线	电信管线及其附属设施和特征点	点、线	DXGX
电信管线	电信管线线状附属设施	依比例表示的电信管线附属设施外围线	线	DXL
给水管线	给水管线	给水管线及其附属设施和特征点	点、线	SSGX
给水管线	给水管线线状附属设施	依比例表示的给水管线附属设施外围线	线	SSL
排水管线	排水管线	排水管线及其附属设施和特征点	点、线	XSGX
排水管线	排水管线线状附属设施	依比例表示的排水管线附属设施外围线	线	XSL
燃气管线	燃气管线	燃气管线及其附属设施和特征点	点、线	RQGX
燃气管线	燃气管线线状附属设施	依比例表示的燃气管线附属设施外围线	线	RQL
热力管线	热力管线	热力管线及其附属设施和特征点	点、线	RLGX
热力管线	热力管线线状附属设施	依比例表示的热力管线附属设施外围线	线	RLL
工业管线	工业管线	工业管线及其附属设施和特征点	点、线	GYGX
工业管线	工业管线线状附属设施	依比例表示的工业管线附属设施外围线	线	GYL
综合管线	综合管线	综合管线及其附属设施和特征点	点、线	ZHGX
综合管线	综合管线线状附属设施	依比例表示的综合管线附属设施外围线	线	ZHL
有线电视	有线电视	有线电视及其附属设施和特征点	点、线	TVGX
有线电视	有线电视管线线状附属设施	依比例表示的有线电视附属设施外围线	线	TVL

2）管线编码

管线编码同管线信息系统中现状管线数据库与规划管线数据库的数据存储方式相关联。因为编码的目的亦是为了提高数据的管理、查询与分析能力。

(1) 普查与竣工测量现状管线库的基本存储单元

对存储地下管线现状信息的普查与竣工测量库采用 Mapfased or TilMased 的存储结构，即以 1：500 图幅为最小存储单元范围。

为了弥补基于 1：500 比例尺单张图的 GIS 系统的不足，提高对地下管线的计算机管理效率，对于城市地下管线信息系统的管线现状数据库，除了以 1：500 单幅图进行存储外，根据应用需要也可存储由 4×4（16 张 1：500 图幅构成的，拼接好的连续、无缝的 1：2000 图幅管线图，便于较大范围的查询与使用。

(2) 规划管线库的基本存储单元

规划管线库中的管线主要是起管线工程规划综合的辅助作用，综合管线信息系统不可能也没有必要管理到施工图的深度。此外，规划管理人员的日常工作是以报建集号为主线的，他们对每宗案件进行单独管理。因此，在进行城市地下管线信息系统设计时，将规划管线库的存储单元定义为全市范围内的每类管线，以便于以报建案号为主的数据操作。规划管线库与现状管线库相比，在存储结构、生存周期、查询方式、采集入库方式等方面存在较大差异。

(3) 管线编码

① 管线类型码

- 现状管线库

　　给　　水——J
　　雨污合流——P
　　雨　　水——Y
　　污　　水——W
　　煤　　气——M
　　电　　力——L
　　电　　信——D
　　工　　业——G

- 规划管线库

　　给　　水——PJ
　　雨污合流——PP
　　雨　　水——PY
　　污　　水——PW
　　煤　　气——PM
　　电　　力——PL
　　电　　信——PD
　　工　　业——PG

② 现状管线库中管线点的标识方法

管线点采用 10 位混合（文字数字）标识方法。由于管线普查地段不可能规则有序，外业勘测单位又不可能根据道路进行编码、组织管线，为了不增加勘测单位在图形与属性数据整理上的难度，采用 1∶500 图幅号（压宿图号）＋图上点号组成，这也体现了以 1∶500 为基本存储单元的原则。

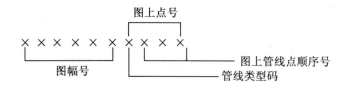

③图幅号用 6 位数字喷字混合编码；
- 管线类型码见上述①中说明。
- 管线点顺序号与管线普查（竣工测量）成果图上编号相同，有利于与成果表上的属性相对应。

3）管线数据的实体属性信息

以电力管线为例，电力管线的属性信息应包括以下内容：

（1）电力管线线层（见表 7.7）。

文件名：DLGX.AAT

表 7.7

属性项名称	数据类型	字段宽度	备注
编码	C	5	
起点号	C	9	
终点号	C	9	
管道宽高	C	16	
电缆条数	I	3	
电压	C	10	
保护材料	C	8	
所属路名	C	16	
建设年代	D		
权属单位	C	30	
备注	C	40	

（2）电力管线点层（见表 7.8）。

文件名：DLGX.PAT

表7.8

属性项名称	数据类型	字段宽度	备注
编码	C	5	
点号	C	9	
地面高程	F	6.3	
管顶高程	F	6.3	
埋深	F	6.3	
X坐标	F	12.3	
Y坐标	F	11.3	
备注	C	40	

(3) 电力管线辅助线层（见表7.9）。

文件名：DLL.AAT

表7.9

属性项名称	数据类型	字段宽度	备注
编码	C	5	
备注	C	40	

4) 主要属性连接元素的管理方法

地下管线信息系统最直观的方式是将管线数据存放在管线上，并根据管线信息用一定的符号、颜色、线型构造专业管线图与综合管线图；另外一种方式是将主要属性连接到管线点上，这既符合管线普查或竣工测量的勘测、绘图习惯，将管线点属性保存在点成果表中，也简化了管线线符号的构成。因为，我们可以采用管线线与管线点合成效果的方式。例如：对某条管线的线段，如果主要属性连接在线上，则要根据属性按一定成图规则构造颜色、符号与线型，这是较复杂的。

7.3.3 地下管线信息系统的数据组织

空间数据库中的数据按照格式可以分为矢量数据（DLG）和栅格数据（DEM、DOM、DRG）。在数据库的逻辑设计中，这两种不同格式的数据逻辑组织分别图示如下。

(1) 矢量数据（DLG）的逻辑组织如图7.19所示。

(2) 栅格数据（DEG、DOM、DRG）的逻辑组织如图7.20所示。

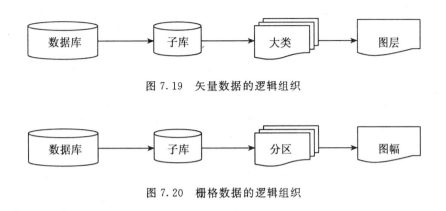

图 7.19 矢量数据的逻辑组织

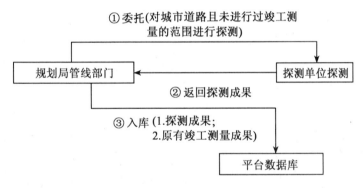

图 7.20 栅格数据的逻辑组织

7.3.4 地下管线空间数据的采集与建库

1. 数据采集

管线数据采集的流程如图 7.21 所示。

图 7.21 管线数据采集的流程图

2. 数据入库

地下管线信息系统涉及的数据十分丰富，包括复杂的基础空间数据（基础地形图）和管线专业数据。对专业地下管线数据来说，组织和整理这些数据将是一项烦琐的工程，必须仔细分析各种数据的来源、格式、处理目标和方法等，建立满足项目要求的数据体系。

在对现有的基础数据、规划数据的生产、管理与应用过程深入调查、研究的基础上，概括出如图 7.22 所示的地下管线数据管理流程图。整个数据处理过程可以简要地分成三步：标准制定、数据采集与处理、数据整理与入库。

首先要制定各类数据的制作标准，包括分层、编码与属性标准，数据交换格式标准，数据生产作业流程（包括更新流程）以及各项业务标准化流程。然后数据将经过标准流程按照标准格式进行采集、处理、转换和入库。

对于现状管线数据，由于普查数据采用普查技术规程规定的中间格式数据标准，中间格式数据提交后，规划局信息中心首先要进行数据的检查，如果数据是符合标准的，则可

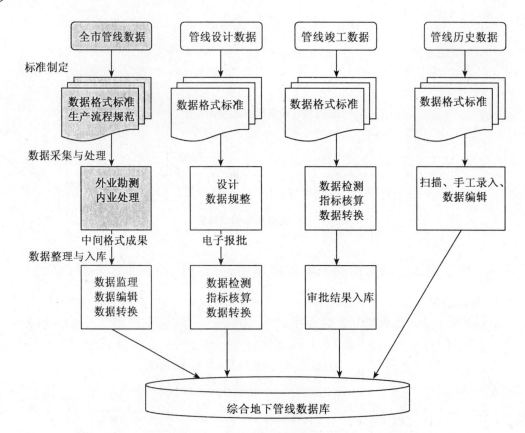

图 7.22 地下管线数据管理流程图

以顺利地转入系统数据库。

对于规划成果数据,长期以来,设计单位都习惯于只提交设计图纸给规划局,或提交形式各异的电子数据给规划局。在本系统中,将采用远程管线电子报批机制,建立起设计单位和规划局之间的数据通道,从而解决上述问题。具体的实现方式为:建立规划成果数据制作标准,设计单位按标准提交电子成果,规划局接收电子成果,首先进行数据的检测,然后进行指标核算,批复建设方案,再将满足要求的报建数据通过转换进入到系统规划管线数据库中。

对于空间历史数据,则通过扫描、矢量化等方式录入计算机,然后再进行图形的规整、属性的赋值、符号化等工作,这些过程不可能完全自动化,但需要编制一些辅助工具以提高建库的效率。对于非空间历史数据,主要是通过手工录入方式建库。

7.3.5 地下管线信息系统的综合应用功能分析

根据系统的设计目标,地下管线信息系统的专业系统主要由计算机数据监理、数据入库、综合应用、动态更新和远程综合应用五个模块组成,如图 7.23 所示。

规划管理人员在日常管线规划管理和其他规划管理业务中,需要进行管线信息的各种条件的查询,并利用这些信息进行断面分析、水平/垂直净距分析等管线工程综合规划,也需要绘图输出和统计分析等功能。综合运用模块结构图如图 7.24 所示。

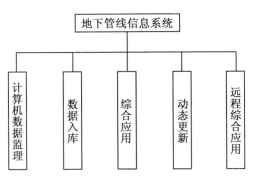

图 7.23 地下管线信息系统的模块组成

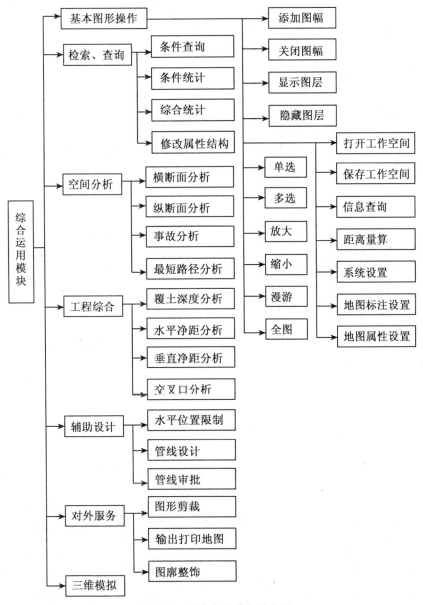

图 7.24 综合应用模块结构图

1. 查询统计功能

1) 区域查询

提供按图号、道路名、单位名、区域查询任意范围（可多幅）管线的功能。其中区域查询指的是：

(1) 在屏幕指定区域调出图形，要求能一次调出多幅图形（见图7.25）。

(2) 指定管线两侧（含管线曲线段）任意界定范围管线图形查询与输出。

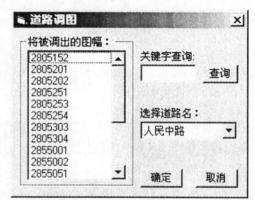

图 7.25 数据管理

2) 以其他图文数据为参照的查询

以城市各类基础地形图库（扫描图、数字航空正射影像图）、规划道路网等为参照的各种查询，以管线管理图文办公内容为依据的查询。

3) 信息查询

(1) 图形与属性的交互式查询。根据所选管点、管线可查询对应的属性，根据属性条件可查得相应的图形。

(2) 图形属性的各种条件组合查询。按照管线类型、坐标、管径大小、埋藏年代等各种属性进行组合查询。

(3) 实地照片的查询。用户可以在管线或设施上挂接照片，并通过点击管线或设施加以查看。

图 7.26 为阀门查询结果。

4) 统计功能

分管线长度统计、管点类型统计、综合统计（见图 7.27）3 种。

(1) 表达方式。表格、直方图、饼图、折线图。

(2) 管线长度统计口径。按照管线类型、建设年限、材质、管径大小统计。

(3) 管点类型统计口径。按照管线类型、建设年限、管点类型统计。

(4) 网线设备查询统计。各种设备的清单列表和统计分析。

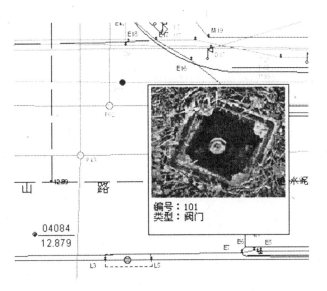

图 7.26 阀门查询结果

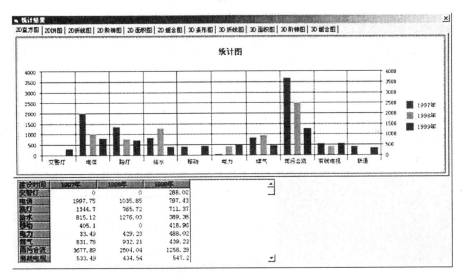

图 7.27 年代统计结果

2. 空间分析功能

具有任意横断面、纵断面生成和事故分析功能。

1)任意横断面(任意地点、任意角度)的生成与分析

根据断面下的情况,生成截面管径、地面高程、管顶高程、埋深等信息,显示横断面图形,使地面线(道路断面)更符合现实,能清晰显示侧右线、绿化带、隔离带等。生成或打印断面时,可以分别定义横、纵向的比例,并在图上标注比例,横断面图的生成增加类似于 CAD 中的标注功能,即直接指定图上空白的区域后将断面图生成在图上,如图 7.28 所示。

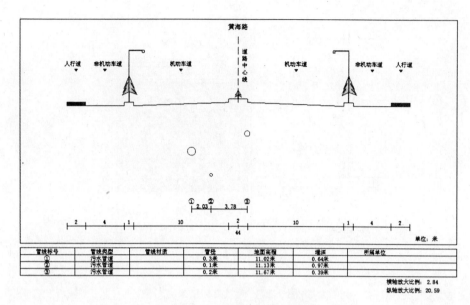

图 7.28　横断面分析结果

2）连续管线纵断面的生成与分析

指定分析管线，以几何图表的形式显示出分析管线的纵剖面区域，并列表显示纵剖面区域管线的相关属性，按照国家标准设定显示内容（见图 7.29）。

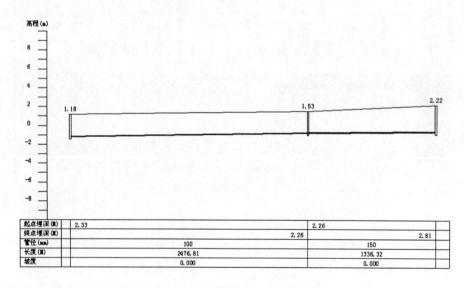

图 7.29　纵断面分析结果

3）给水、燃气发生爆管事故的影响区域分析

对给水、燃气管线进行爆管分析，生成事故点的埋深等信息（见图 7.30 和图 7.31），并给出需要关闭阀门的坐标、权属单位、所在道路等相关信息，方便有关单位采取措施。

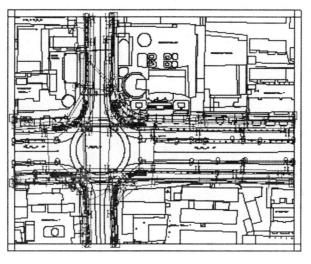

图 7.30 事故分析结果

阀门编号：4
管点类型：给水
图上点号：J5
X 坐标：3214227.107
Y 坐标：500165.118
图幅号：245B03
道路名：
点符号：
权属单位：

图 7.31 阀门信息

4) 最短路径分析

分析两个管线设施之间的最短路径，以道路中线作为参考，分析管线的最短埋设路线。

3. 管线工程综合

功能描述见表 7.10。

表 7.10

功能名称	功能说明
覆土深度净距分析	选择管线进行最小覆土深度分析，系统判断该管线是否符合国家覆土深度标准。如不符，给出所有不符合标准的管点的、编号、埋深、国家规定埋深等信息。 覆土埋深：管点地面高程与管线外管顶高程差。

续表

功能名称	功能说明
地下管线与地下管线、建筑物、构筑物之间水平间距的判断与分析	选择一条管线，选择水平间距功能进行分析，考虑现状管线或审批管线或者道路侧石边缘（地形图上道路中心线两边的黑线）、铁轨，建（构）筑物，乔、灌木、地上杆柱等和设计管线的水平净距要求，系统判断该管线是否符合国家标准。如不符合标准，给出最小水平净距并给出临界点和最小间距点。
各类地下管线垂直净距的判断与分析	选择一条管线进行垂直净距分析，根据该管线和现状管线、审批管线的垂直净距要求，系统判断该管线是否符合国家标准。如不符合标准，给出所有不符合规定交叉点的列表信息：编号、上管性质、下管性质、垂直净距、国家标准垂直净距。 垂直净距：两条管线水平面投影交点的上管外管底与下管外管顶的高程差。
交叉路口的交叉点分析	选择一个区域进行交叉路口的交叉点分析，生成交叉点坐标、交叉管线的地面高程、管顶高程、埋深等信息，并给出与垂直净距国家规范比较结果。

4. 管线工程辅助设计

功能描述见表7.11。

表7.11

功能名称	功能说明
水平位置限制	以国家有关管线工程的最小覆土深度、管线最小水平净距、管线交叉时的最小垂直净距等规范为准则，在地形图库、现状管线库的基础上，限定规划管线的布设界限。
管线设计工具	根据国家有关管线工程规范、设计管线和现状管线情况提供设计管线参考数据，同时提供方便、专业化的管线图形建立、编辑工具。
管线报建审批	结合规划办公，实现管线电子报批。

5. 对外服务

功能描述见表7.12。

表7.12

功能名称	功能说明
图形裁剪	裁剪区域范围内图形，能取消地形图图框，建立范围内图框，自动添加风玫瑰，并加入图纸名称，图形输出能任意旋转。

续表

功能名称	功能说明
专题图制作	管线专题图生成,包括综合管线图、大比例尺横断面图,能取消地形图图框,建立范围内图框,自动添加风玫瑰,并加入图纸名称。
管线地图综合	运用系统实现地图由大比例尺向小比例尺的转换,包括不依比例符号的处理、地物及地形的取舍、线上点的过滤、地物的综合等。

6. 三维模拟

形成任意选择区域彩色的体现真实效果的三维图。可任意移动、缩放视图,可三维旋转,任意设置观察方向,并能在三维图中显示管线属性,如图 7.32 所示。

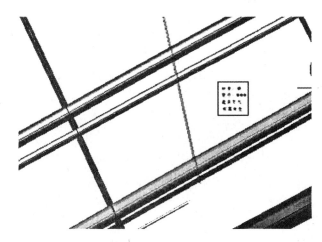

图 7.32 管线三维显示

7. 远程综合应用模块

1) 远程综合应用模块概述

本部分主要进行各专业单位与规划局间的管线审批、信息共享等事务的处理。

2) 功能描述

功能描述见表 7.13。

表 7.13

功能名称	功能说明
网上报建	通过 Internet 实现与城市空间相关的建设审批。将 AutoCAD 等格式的电子数据网上报建,保证管线的位置精确化,结合管线信息系统的审批功能,将使审批工作更加规范,逐步实现城市管理科学化的目标
网上浏览/发布	Web 用户登录通过 Internet 或城域网进入规划局专属网站,在权限许可的范围内查询、浏览各种管线的数据。

7.3.6 地下管线信息系统的实施

根据以上所分析的系统框架和功能设计，结合当地城市规划管理部门的实际需要，制定相应的项目实施方案，配备好系统的基础软硬件结构，并进行人员的培训与选择，从而为城市地下管线信息系统的实施做好准备。

系统实现阶段的核心工作是软件编码的实施。为了保证系统开发的质量，该阶段应按编码原则、规范、方法的规定进行操作。

在实施过程中应注意以下几个方面：

1. 尽量使用 GIS 基础平台的编程资源

城市地下管线信息系统一般是面向一定 GIS 基础平台的应用，除了对 GIS 基础平台的功能进行定制外，还要进行大量开发来获得系统所需的专有功能。实现这些专有功能有两种方式：一是直接利用操作系统或通过编程语言的资源进行编程，二是利用 GIS 基础平台提供的资源库进行开发。前者由于直接进行开发往往工作量大，且无法享受基础平台升级带来的好处，系统维护工作量大，系统生命周期受到很大的影响。而后者却可以在短时间内构建专有功能，工作量会大大降低，同时也可以享受 GIS 基础平台升级带来的好处，因此在不影响执行效率的前提下应尽量采用后者进行开发。

2. 关注系统配置要求

地下管线的数据量大，综合性强，所开发的系统需要对海量数据进行处理、显示、查询、读写，对硬件、网络等设备有较高的要求。如具有一定仿真功能的三维 GIS，一般的 PC 机就很难满足要求。同时，系统的算法、程序流程等对系统的执行效率也有很大的影响。因此在开发实施的过程中应尽量采用效率高的连接方式，不能为节约开发工作量而牺牲系统效率。在进行实际处理海量数据操作时，应注意避免系统产生灾难性的后果。

3. 良好的程序设计风格

城市地下管线信息系统的涉及对象比较复杂，往往存在许多非流程化的过程，良好的程序设计风格可以提高程序的可读性和稳定性。

4. 程序容错性强

城市地下管线信息系统的专业性比较强，在系统运行过程中，可能面临许多不规范甚至非法的操作，如果程序容错性差，非常容易导致系统崩溃。因此程序的容错性至关重要。

5. 采用版本控制管理程序编码

城市地下管线信息系统的复杂性决定了其软件开发不能一步到位，引入版本可以降低系统的复杂性。所谓版本就是将系统划分为若干各具有一定顺序的部分，如首先实现系统的轮廓和框架，在此基础上不断增加新的功能，逐步完善，最后达到系统的物理实现。

同时，在系统的开发过程中，要建立相应的质量管理规范和测试规范，并形成质量管理的流程化作业，使各个系统的测试和质量管理工作规范化、日常化，让系统开发进度和系统质量得到有效控制。

主要参考文献

1. 张毅中、周晟、缪瀚深等. 城市规划管理信息系统. 北京：科学出版社，2003

2. 龚健雅. 当代地理信息技术. 北京：科学出版社，2004
3. 张书亮，间国年等. 设备设施管理地理信息系统. 北京：科学出版社，2006
4. 张新长，曾广鸿，张青年. 城市地理信息系统. 北京：科学出版社，2001
5. 郝力. 城市地理信息系统及应用. 北京：电子工业出版社，2002
6. 陈述彭. 城市化与城市地理信息系统. 北京：科学出版社，1999
7. 张望军，王国生等. 城市地下管线信息系统在 GIS 下的建立. 湖南大学学报（自然科学版）2000（10）：85～90
8. 区福邦，陈顺清. 城市地下管线信息系统的建立与应用. 地球信息科学，1999（11）：24～31
9. 乔相飞，周宏伟等. 城市规划中的 GIS 应用分析. 测绘工程，2005（12）：69～76
10. 孙在宏，陈惠明等. 土地管理信息系统. 北京：科学出版社，2005

第 8 章 城市规划与建设地理信息系统的发展前景

纵观全球,信息和通讯技术的应用正迅速改变着社会的经济基础和社会基础。在此过程中,以公众和企业为代表的群体正努力使新技术适应机构和个人的需要。信息技术这一有效的工具,能保证更清晰有效地进行公共事务管理,提高城市规划、建设、管理的效率与透明度,为人们提供更多有用的服务。随着计算机、GIS、RS、GPS、通信、地理科学等理论和技术的进步,城市的概念正在悄悄地发生变化,在我们熟悉的物质城市的身边正在形成一个充满数字化特征的时代现象——数字城市。

本节主要探讨目前刚刚兴起并将对城市信息化产生深远影响的数字城市技术体系,它是空间信息系统、计算机、通信等技术发展和融合的产物,涵盖了几乎所有空间信息的最新发展。在此基础上,本章主要探讨组成数字城市技术体系的几个重点发展的最新成果和方向:数字城市、三维 GIS、虚拟现实、电子政务等。

8.1 数字城市概述

"数字城市"是人类对物质城市认识的又一次飞跃,它与园林城市、生态城市一样,是对城市发展方向的一种描述。其研究的起源可以追溯到 20 世纪 80 年代初,当时,美国 Skidmore 和 Merrill 两个城市进行了三维城市模拟研究,英国 Strathclyde 大学也在这方面做了研究。许多发达国家在 1995 年前就开始了"数字家庭"、"数字社区"和"数字城市"的综合建设实验。

1998 年 1 月 31 日,美国前副总统戈尔在开放 GIS 协会(OGC)发表了题为"数字地球:21 世纪理解我们星球的方式"的报告,明确提出了"数字地球"的概念及其目标、支持技术等重要内容。如同"信息高速公路"一样,"数字地球"引起了全球的广泛关注,美国、加拿大、欧盟国家等纷纷制定了相应的建设数字地球的计划,甚至上升为实现国家战略的重要手段。我国国家领导人也多次提出要建设我国的数字地球。戈尔在报告中指出:"数字地球是一个以地理坐标(经纬网)为依据的、具有多分辨率的、海量数据的和多维现实的虚拟系统。"实质上,数字地球就是信息化的地球,它是与国家信息化概念相一致的。

如同互联网一样,数字地球不是"自上而下"强制建成的,而是作为不断成长的网络,通过研究和建设实践不断形成共识并制定标准和规范逐步形成的。也就是说,"数字地球"是在各行各业、各个地区的信息化的基础上形成的。它包括"数字国土"、"数字农业"、"数字海洋"、"数字城市"等领域。

城市是社会经济文化中心。国民经济产值(GDP)的 80% 以上集中在城市。在发达国家中,80% 左右的人口集中在城市,我国最近也提出了农村城镇化的倡议,城市化已经成为当前的大趋势。特别是我国在城市化过程中，面临着人口多、用地少、经济层次低等问题，所以如何全面提高城市规划、建设和管理的水平就成为我国城市化进程中的重要课题。

城市信息化是提高城市建设水平的重要手段，已经受到人们的重视。"数字城市"作为城市信息化建设的热点和前沿，是"数字地球"在城市区域的具体化和扩展，亦是它的重要节点之一。事实上，在知识经济时代拥有信息资源，比在工业社会中拥有自然资源更为重要。特别是在作为区域政治、经济、文化、教育等中心的城市，时时刻刻产生着各种信息，进行着信息的交换、融合和派生。因此，如何快速、有效地获取城市各个方面的信息，实现信息之间的交流和共享，并在此基础上，对所有各种信息进行综合化管理和分析，满足不同层次的信息需求，将成为一个城市现代化发展水平的重要标志。作为信息化社会城市基础设施规划和建设的一个重要组成部分，数字城市将是满足信息化社会中城市信息需求的全新解决方案，成为市政府组织、各部门参与、全社会共享的一项新兴城市建设事业。

数字城市建设，就是将整个城市涉及的各个方面的信息，包括地理环境、基础设施、自然资源、社会资源、经济资源及人文资源等，以数字的形式进行采集和获取，通过计算机统一存储、管理和再现。在对各类信息进行专题分析的基础上，通过各种信息的交流和综合，对城市信息进行整体的综合处理和研究，为城市资源在空间上的优化配置、在时间上的合理利用、实现城市的可持续发展提供科学决策的现代化工具。数字城市是一个由多种高新技术支持的计算机网络信息系统，不仅能在计算机上建立虚拟城市，再现城市的各种资源分布状态，更为重要的是，数字城市能促进城市不同部门、不同层次之间的信息共享、交流和综合，减少城市资源浪费和功能重叠，进而可以从宏观和全局上制定城市规划和发展的整体战略。

数字城市（Digital city）或称为数码城市（Cyber city）。对它的理解主要可以分为广义和狭义两类：

1. 广义的数字城市

广义的数字城市是指：综合运用 GIS、遥感、遥测、网络、多媒体及虚拟仿真等技术，对城市的基础设施、功能机制进行自动采集、动态监测管理和辅助决策服务的技术系统。通俗一点说，"数字城市"就是指在城市规划建设与运营管理以及城市生产与生活中，充分利用数字化信息处理技术和网络通信技术，将城市的各种信息资源加以整合并充分利用。它包括电子政府、电子商务企业、建设信息化社区等子系统。

2. 狭义的数字城市

狭义的数字城市是指：利用"数字地球"理论，基于 3S（GIS、GPS、RS）技术等关键技术，建设服务于城市规划、建设、管理，服务于政府、企业、公众，服务于人口、资源环境、经济社会的可持续发展的信息基础设施和信息系统。其本质是建设空间信息基础设施，并在此基础上深度开发和整合应用各种信息资源。这是目前空间信息系统研究的重点。

8.2 数字城市的内容

8.2.1 数字城市的框架结构

数字城市是一个内容丰富、外延广泛的综合信息系统体系。它不是城市各个领域信息系统杂乱无章的组合，而是具有比较明确的组织结构。一般认为，数字城市应该包括如下框架层次，如图 8.1 所示。

图 8.1 数字城市框架层次

1. 城域物理网络层

城市信息化能够从分散的计算机信息系统逐步走向一体化为特征的数字城市，网络基础设施建设是必不可少的。目前我国很多城市开始铺设了 GB 级主干网，为数字城市建设打下了很好的基础。但是还无法满足理想的数字城市模型的需要，在理想数字城市里，人们能够在网络上实现对城市的虚拟浏览、网上购物、视频点播、政府网上办公、虚拟教育等大量工作，将日常工作、生活、娱乐等内容移植到网络上实现。由于这些工作大量采用空间数据和多媒体数据，全城市的实时共享还是不可能的。目前在实验室已经出现了 TB 网技术，其带宽之大，基本可以满足城市数据交换和传输的需要。另外，虽然建设了带宽很大的主干网，但是由于没有大量接入到各种建筑物中，即人们工作生活的主要场所，网络的作用还不能充分发挥出来，这就是所谓的"最后 1 公里/100 米问题"。不过，人们已经开始注意到这些问题，目前智能建筑、数字化小区的出现为网络进入到家庭、办公室创造了很好的条件。

2. 公用信息平台

在物理网络的基础上，需要搭建一个进行数据交换和网络管理的软件环境，这主要包括两类平台：一是网络服务商（ISP）提供的网络接入服务，它提供给用户进入 Internet 使用网络资源的可能，目前我国 ISP 已经取得了长足的进展。比较特别的是，目前政府部门和大型企业往往需要建立专用的城域网，以保证系统的稳定性和安全性，但是这类用户不可能自己铺设线路，所以一般需要向 ISP 租借网络带宽。二是网络内容提供商（ICP）提供的网络内容服务，如 WWW 站点、电子邮箱服务。它对于网络发展至关重要，如果没有丰富、高质量的内容，网络也就失去意义。好的 ICP 是目前我国网络所缺乏的，构建数字城市很大程度上就是要建立各个领域、不同性质、满足不同需要的 ICP。

3. 行业信息系统

各个行业需要建立自身的信息系统，以满足自身的特殊需要，这是组成数字城市的应用系统，直接为行业服务。目前这类应用系统很多，如狭义数字城市、电子商务、电子政府、数字小区、远程虚拟教育、远程医疗。下面详细介绍狭义数字城市。

狭义数字城市作为一个涵盖城市规划、建设、管理各个方面的综合信息系统，涉及面也非常广。根据我国的建设经验，数字城市的建设内容基本上可以分为三个相互联系、相互支持的层次：

1）基础平台层

基础平台层指城市空间基础设施（Spatial Data Infrastructure，SDI），图8.2中所示的下面三层就是进行城市GIS建设的基础，各种专业空间数据就是建立在这些基础之上的。一方面，数字城市的建设需要包含网络、数据管理系统等构成的软硬件；另一方面，需要制定对城市基础地理、自然资源、社会资源和人文资源等各种信息的数据标准，保证数据能够在宽带网上多用户进行安全的、无信息损耗的城域范围的共享，并进行数字化采集和存储，分别建立相应的资料（信息）库，提供全市基础信息的共享和服务。

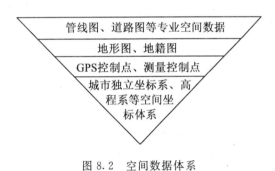

图8.2 空间数据体系

2）专业和区域应用层

专业层是领域数字化框架，区域层指区域数字化框架。它是在城市的各个行业和城市子区域范围内构建行业和部门统一的局域网，并按照城市信息化的统一要求和规范，制定数据共享和互操作的标准，建立各个部分的管理和办公自动化系统，并把这些子系统搭载到基础平台之上，通过共同的信息平台，实现各部门之间信息的彼此共享、交流和协作。

信息化建设较先进的城市，在规划、国土、环保、电力、电信、自来水等对信息化管理要求比较迫切的行业，基本上已经开始建立基于用户局域网的以办公自动化和GIS的信息化建设为主轴的综合信息系统，但是这些系统往往是相互隔绝的，数据标准也千差万别，如规划管理部门，拥有的管线数据往往非常简单和不完整，而且现势性差，而这些管线管理部分虽然拥有丰富的管线数据，但是质量很差，甚至没有地理基础数据。产生这种状况牵涉了复杂的社会经济因素，但主要还是缺乏全市性的、强有力的、非追求经济效益的信息主管部门进行协调。因此，在进行"数字背景"建设时，建立面向全市跨行业的"信息资源管理中心"等机构是非常必要的。

3）综合决策层

综合决策层是跨领域、跨区域的综合性应用框架。它主要分为专家分析和领导决策两大部分，前者为后者提供技术支持，而后者是城市管理的指导。

在数字城市基础平台上，综合分析和研究城市基础地理、自然资源以及社会、经济等各个领域的不同信息，在市政府各职能部门和企事业单位的专业信息处理和分析的基础上，通过虚拟现实技术将城市在计算机上实现仿真、模拟和重现，建立优化城市运行的计算机模型，供专家为政府最后决策提供可视化的现代辅助工具。

在具体的数字城市建设过程中，各层的具体内容和表达形式可能具有一些细微的差别，如数字北京将其建设内容分为基础层、专业和区域应用层以及综合决策层等三个层次，及北京空间数据基础设施（BJSDI）、北京信息资源管理中心、政府类应用、企业类应用、公众类应用、区域类应用、城市综合决策指挥系统、政策法规规章及管理制度、技术标准及各种应用规范、信息安全和保密等十个组成部分。而数字襄樊则分为基础平台、政府职能部门信息子系统、专家分析和领导决策系统等三个层次，并将统一基础信息平台、实现快速查询和显示等基本功能作为建设的重点。

8.2.2 数字城市建设的主要内容

从构成数字城市的要素来看，虽然可以分为很多类要素，但是基本上其内容可以概括为数字化、网络化、智能化与可视化等几个方面。

1. 城市设施的数字化

在统一的标准与规范的基础上，实现基础地理设施的数字化，需要的设施包括：

(1) 基础测绘数据。有空间定位控制数据、地形框架数据等，表现形式有数字正射影像图 DOM（Digital Orthophoto Map）、数字高程模型 DEM（Digital Elevation Model）、数字栅格地图（Digital Raster Graphic）、数字线画地图（Digital Line Graphic）。

(2) 城市基础设施。有建筑设施、管线设施、环境设施等。

(3) 交通设施。有地面交通、地下交通、空中交通等。

(4) 金融业。有银行、保险、交易所等。

(5) 文教卫生。有教育科研、医疗卫生、博物馆、科技馆、运动场、体育馆，名胜古迹等。

(6) 安全保卫。有消防、公安、环保等。

(7) 政府管理。有各级政府、海关税务、地籍管理与房地产等。

(8) 城市规划与管理。有背景资料（地质、地貌、气象、水文及自然灾害等）、城市监测、城市规划等。

2. 城市网络化

(1) 三网连接。电话网、有线电视网与 Internet 三网实现互连互通。

(2) 通过网络将分散的分布式数据库、信息系统连接起来，建立互操作平台。

(3) 建立资料仓库与交换中心。

(4) 数据处理平台。如多种资料的融合与立体表达、仿真与虚拟技术、资料共享平台等。

3. 城市的智能化

比尔·盖茨提出的数字神经系统与网络生活方式的新构想，其原意是指公司的管理方式，但也适用于城市管理与城市行为方式的智能化研究。例如，电子金融、电子商务等也离不开空间分布概念，如人们可以通过网络对虚拟商场和厂家进行网上购物，但货物不能直接送到顾客手中，还要通过运输手段送货上门。送货有最佳路径问题，这就需要采用城市 GIS 技术。城市智能化方面包括如下方面：

（1）电子商务。如网上贸易、虚拟商场、网上市场管理等。

（2）电子金融。如网上银行、网上股市、网上期货、网上保险等。

（3）网上教育。如虚拟教室、虚拟实验、虚拟图书馆等。

（4）网上医院。如网上健康咨询、网上会诊、网上护理等。

（5）网上政务。如网上会议等。

另外，城市规划的虚拟、城市生态建设或改造虚拟实验等，也属于城市智能化的内容。它们不仅可以提高城市规划或城市生态建设的科学性，同时还能缩短设计时间。

数字城市、信息城市或智能城市是指将城市的部分或大部分的基础设施、功能设施进行数字化，建立数据库，并用计算机高速通信网络相连接，实现网络化管理和调控，并具有高度自动化、智能化的技术系统。通过信息化，城市能够充分和高效地利用信息，使信息快速流动，不仅提高对城市的管理效率，而且能大幅度提高生产和贸易效益，扩大生产规模，增加财富收入，提高服务质量，促进社会经济发展。

数字城市网络化，还可以节约市中心宝贵的土地资源，减少市中心或商业区的交通拥挤。通过网络办公，还可提高工作效率，减少雇员，降低成本。数字城市还将推动科教兴国和可持续发展的进程。网络化后不仅可大大加快科教信息的传播，提高教学与科研水平，有利于我国中长期战略目标的实现。

从数字家庭到数字大厦，再到数字小区、数字城市、数字国家并不是科学幻想，而是活生生的现实，是未来人类社会的发展模式和人类的生存方式。

4. 城市可视化

数字城市采用多维度、多分辨率、多时相的数据在计算机上进行虚拟显示，可以供人们进行游览。通过可视化手段可以改变计算机信息系统专业的单调、面目难看的界面，从而把人们吸引到计算机里来，同时可视化是友好界面的重要基础，人们接受图形化的信息远远快于文本信息。可视化主要包括如下内容：

（1）地理环境。包括 DEM 地形虚拟。

（2）灾害模拟。包括模拟洪水、火灾、地震等各种自然和人为的灾害。

（3）旅游景点模拟。人们通过网络就可以对旅游景点进行交互式游览等。

8.3 城市三维地理信息系统

为了形象、生动和真实地表示城市和区域的自然和人文现象，进行三维空间分析，更好地帮助城市与区域规划、建设和管理，在数字城市和区域里需要建立一个三维的、动态的、可视化的景观，以代替二维地图。要实现上述目的，就需要建立使用目前刚刚兴起的三维 GIS（3DGIS）。

在目前广泛使用的二维 GIS 中，往往用 X/Y 坐标来表示空间事物，这对于道路、土地分类等事物是足够的，但是要表示建筑物、地形、地下管线等事物则是不够的，往往通过损失一个维度（主要是高程）的信息来表示，或者用等值线、属性表等抽象的方法来表示，这都导致系统不能够很好地描述和管理现实世界。如在房产管理中，需要对每套房子的位置、空间结构甚至材料等要素进行管理，由于数据是二维的，所以每栋建筑物只有通过垂直投影下来的多边形来表示，而房屋的其他空间信息则只有通过多个房产图和层数等信息表达，既不形象也不利于管理。针对二维GIS的缺陷，出现了基于DEM/DTM的所谓的"2.5维"景观表示方法（这种提法有待商榷），这种方法虽然能够较好地表示城市三维景观，但是不能够操作三维实体，所以在管理中用途有限。经过长期探索，真三维GIS出现了，而且正在逐步实用化。

8.3.1 三维空间数据模型

数据模型是现实世界向数字世界转换的桥梁。信息系统的数据模型确定了信息系统的数据结构和对数据可施行的操作。与二维数据模型一样，它可以分为如下类别：

1. 三维体元填充模型

将三维空间物体抽象为三维体元的集合。它表达点状物体用包含该点的一个体元；表达线状物体用一串沿一个方向（方向可以弯曲）延伸的相邻体元的集合；表达面状物体用一片沿两个方向延伸（方向可以弯曲）的相邻体元的集合；表达体状物体用一堆沿三个方向延伸（方向可以弯曲）的相邻体元的集合。三维体元有正方体体元、规则长方体体元、不规则长方体体元、不规则六面体体元、四面体体元等。

据此三维体元填充模型可细分为以下几种：

1) 三维栅格模型

三维体元填充模型中最简单并最经常使用的是等边长的正方体体元（如同二维中的等边长正方形像元）。它是二维中的栅格模型在三维中的推广，因而被称为三维栅格模型。也称为晶胞模型或栅格模型。栅格模型的优势是操作算法简单，尤其是未经压缩的标准体元的数据结构简单、标准和通用（二维中标准栅格结构的通用性最好）。对体内的不均一性具有一定的表达能力，叠加分析、缓冲区分析都很容易实现。不足之处是对空间目标的表达不精确，数据量巨大。当对空间目标表达的精度提高时，数据量以3次幂的指数级提高。

2) 线性八叉树模型

为了克服等边长立方体数据量巨大的弊端，提出了线性八叉树模型。它是由二维表示方法四叉树法演化而来的。八叉树模型将一个立方体三维空间平分为八个卦限，如果每一个卦限内属于同一物体就不再细分，否则将再细分为八个卦限，直到每个体元内都属于同一物体或达到一定的限差为止。它实质上是边长可对半细分的立方体填充模型可视为三维栅格模型的变体。

3) 四面体体元填充模型

这种方法的思想与TIN的思想是一致的，即用不规则四面体（Tetrahedron）作为描述空间实体的基本体元，把任意一个三维空间实体剖分成一系列邻接但不重叠的不规则四面体（如同二维中对平面进行三角剖分）。用四面体的集合来表达空间物体，其特点是能够根据三维空间采样点的坐标值有效地实现三维插值运算及图形的可视化功能。四面体间的邻接关系可以反映空间实体间的某些拓扑关系。

2. 结构实体几何模型（CSG，Construction Solid Geometry）

CSG 表示的基本概念是由 Voelcker 和 Requicha 提出的。它的基本思想是：将简单的几何形体（通常称为体素，如立方体、球体、圆柱体、圆锥体等）通过正则的集合运算（并、交、差）和刚体的几何变换（平移、旋转）形成一棵有序的二叉树，被称之为 CSG 树，其具体定义为：

（1）树中的叶结点对应于一个体元并记录体元的基本定义参数。

（2）树的根结点和中间结点对应于一个集合运算符。

（3）一棵树以根结点作为查询和操作的基本单元，它对应于一个目标名。然后以此表示复杂形体，树的根节点为体元或刚体运动的变换参数，分叉节点是正则的集合操作（并、交、差）或是刚体的几何变换（平移、旋转）。这种操作或变换只对紧接着的子节点（子形体）起作用。每棵子树（非变换时子节点）表示了它下面两个结点的组合及交换结果，树根表示整个形体。

3. 矢量模型

它是二维中的点、线、面矢量模型在三维中的推广。它将三维空间中的物体抽象为三维空间中的点、线、面、体四种基本几何元素，然后以这四种基本几何元素的集合来构造更复杂的对象。曲线以起点、终点来限定其边界，以一组型值点来限定其形状；曲面以一个外边界环和若干内边界环来限定其边界，以一组型值曲线来限定其形状；体以一组曲面来限定其边界和形状。

矢量模型也常称之为边界模型。前面介绍的体元填充模型中很难精确表达三维的线状物体、面状物体和体状物体的不规则边界，而用矢量模型则能精确地表达。矢量模型的优点是表达精确、数据量小，并能直观地表达空间几何元素间的拓扑关系，因而空间查询、拓扑查询、邻接性分析、网络分析的能力较强。不足之处是操作算法较复杂，表达体内的不均一性的能力较差，叠加分析实现较为困难。在近十几年里不断有学者从 GIS 角度研究三维矢量模型：

（1）M. Molennar（1992）、D. Fritsch（1996）首先在原二维拓扑数据结构的基础上，定义了结点（Node）、弧（Arc）、边（Edge）和面（Face）四种几何元素之间的拓扑关系及其与点（Point）、线（Line）、面（Surface）和体（Solid）四种几何目标之间的拓扑关系，并显式地表达点和体、线和体、点和面、线和面间的"之内"（is-in）、"之上"（is-on）等拓扑关系，提出了一种基于三维矢量图的形式化数据结构（3D FDS），如图 8.3 所示。这些研究工作的主要问题之一，是只考虑了空间实体表面的划分和边界表达，没有考虑空间实体的内部结构，仅适于表达诸如建筑物等形状规则的简单空间实体，难以表达地质及环境领域中没有规则边界的复杂三维空间实体（诸如煤层之类）；问题之二是没有对三维空间实体及实体之间拓扑关系进行严格的定义及形式化描述，缺乏拓扑关系的完备性与独立性的证明；问题之三是由于显式地存储"之内"、"之上"等拓扑关系，操作不便，影响系统时空效率。

（2）Pilouk et al.（1994）、Oosterom et al.（1995）、Xiaoyong Chen et al.（1995）、Tempfli et al.（1996）等学者对基于四面体的三维矢量数据模型进行了研究，将不规则四面体作为描述空间实体的基本体素，把任意一个三维空间实体剖分成一系列邻接但不重叠的不规则四面体，通过四面体间的邻接关系来反映空间实体间的某些拓扑关系，如图

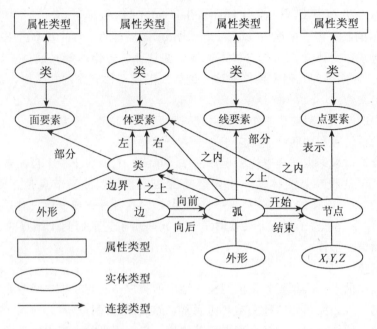

图 8.3 3D FDS 数据结构

8.4 所示。其特点是能够根据三维空间采样点的坐标值,有效地实现插值运算及图形的可视化功能,能快速进行几何和逻辑变换,但仅考虑了空间实体内部结构的划分,没有考虑空间实体的表面形态,难以用于表达三维面状目标及线状目标。此外,数据精度的增加和数据量的急剧增大,要求设备存储量较大,会影响系统的查询速度,因而对设备的存储量要求也更大。

(3) 陈军、郭薇等对三维矢量模型的几何元素间的拓扑关系进行了研究。根据分析角度不同,其主要分为伪流形、k-单纯形(k-Simplex)等几种方法,下面简单介绍 k-单纯形方法,它通过描述 k-单纯形与三维空间实体的 ER(实体联系)关系来表达三维矢量模型各种几何元素的关系。三维空间实体可分成点状实体(Point Entity)、线状实体(Line Entity)、面状实体(Surface Entity)和体状实体(Body Entity)。任意一个三维空间实体都是一个可定向的 n 维伪流形(n-pseudomanifold)($0 \leqslant n \leqslant 3$),它对应于一个具有良好单纯形结构的 n-单纯复形(n-complex),在几何上可剖分成若干个维数小于或等于它的、连通但不相互重叠的 k-单纯形(k-simplex),($k \leqslant n$)。0-单纯形(0-simplex)、1-单纯形(1-simplex)、2-单纯形(2-simplex)、3-单纯形(3-simplex)和平面(face)是组成三维空间实体的五种基本几何元素,其中平面是所有具有相同法线矢量的 2-单纯形的集合,用于减少数据冗余及更有效地表达具有规则边界的面状实体和体状实体。三维空间实体分别由不同维数的 k-单纯形组成:点状实体是一个零维空间目标,只有空间位置而无空间扩展,它对应于具有一个顶点的 0-单纯形,其空间位置由一个空间坐标 $[X_i, Y_i, Z_i]$ 表达,0-单纯形是 1-单纯形的边界;线状实体可以是一个封闭曲线,也可以是具有多个分支的曲线,作为一种 1-单纯复形,由有限多个连通及有向 1-单纯形所组成,且这些 1-单纯形不能自身交叉或与其他 1-单纯形相交,与线状实体形成 N:1 的关系;1-单纯形作为 2-单纯形及平面的边界,与 2-单纯形之间有着 3:1 的关系,与平面有着 N:1 的关系。面

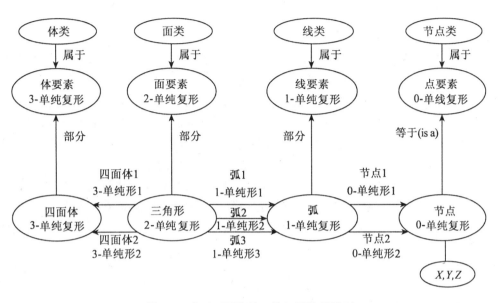

图 8.4　基于四面体的三维矢量数据模型

状实体是一个二维空间目标，可以剖分成有限多个 2-单纯形（2-simplex），且其上任意两个相邻的 2-单纯形在其公共边上总是诱导出相反的序向，与面状实体具有 N∶1 的关系；任意一个体状实体均可以剖分成有限多个沿着其边界进行粘合的 3-单纯形（3-simplex），且其上任意两个相邻的 3-单纯形在其公共面上总是诱导出相反的序向。图 8.5 是这种顾及空间剖分的三维拓扑 ER 图。

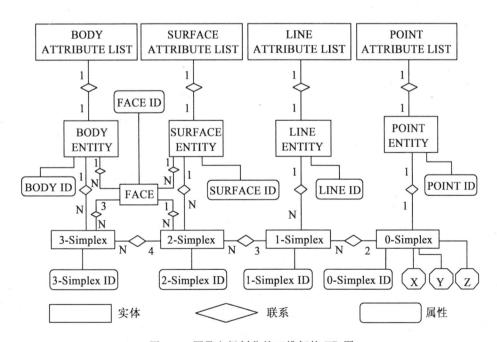

图 8.5　顾及空间剖分的三维拓扑 ER 图

8.3.2 城市三维空间数据的采集方法

目前，三维 GIS 在城市、矿山、地下管线等领域应用比较广泛。同二维 GIS 一样，数据采集是三维 GIS 工作量最大、成本最高的部分，是三维 GIS 能够很好运行的关键。下面介绍城市三维空间数据的采集。

三维城市模型包括许多事物，如建筑物、地形、水系、道路、植被等，但是需要进行三维数据采集的主要有两类：一是控制地面基本走势和起伏的地形。由于城市管理中较少需要深入到地下，所以在三维 GIS 中一般通过数字高程模型（DEM）来描述地形，提供给用户地面高程信息。另一个是建筑物，这是城市最重要的组成部分，也往往是人们最为关注的部分，人们希望用三维 GIS 管理至建筑物层次，能够对建筑物进行查询、分析，甚至希望能够看到建筑物内部空间组成。这两部分空间数据的采集方式也大不一样，如图 8.6 所示。道路、水系等地表地物依附在地形 DEM 上显示，如图 8.7 所示是一个简单的三维城市模型。

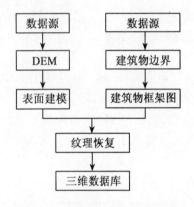

图 8.6 三维 GIS 数据采集流程

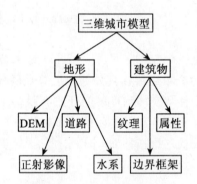

图 8.7 三维城市模型

1. 三维地形数据获取

生成三维地形的 DEM 数据来源主要有三大类：一是影像。通过航空摄影测量获取的影像是高精度、大范围 DEM 生产最有价值的数据源。二是地形图。由于地形图包含了等高线、高程点等丰富的高程信息，它可以用作 DEM 的数据源。三是地面本身以及其他一些数据源。通过 GPS、全站仪或经纬仪配合袖珍计算机在野外进行观测获取地面点数据，经适当变换处理后建成 DEM，一般用于小范围详细比例尺的三维地形数据获取。前两种方法是大规模 DEM 采集最有效的方式。

根据不同的技术条件和不同的精度要求，具体数据采集的方法是不同的，表 8.1 是各种不同采集方法性能比较表。

表 8.1 DEM 的采集方法及各自特性比较一览表

获取方式	DEM 的精度	速度	成本	更新程度	应用范围
地面测量	非常高（cm）	耗时	很高	很困难	小范围，特别的工程项目
摄影测量	比较高（cm~m）	比较快	比较高	周期性	大的工程项目，国家范围内
立体遥感（Spot，MOMS-2）	低	很快	低	很容易	国家范围乃至全球范围内的数据收集
GPS	比较高（cm~m）	很快	比较高	容易	小范围，特别的项目
地形图手扶跟踪数字化	比较低（图上精度 0.2~0.4mm）	比较耗时	低	周期性	国家范围内以及军事上的数据采集，中小比例尺地形图的数据获取
地形图屏幕数字化	比较低（图上精度 0.1~0.3mm）	非常快	比较低	周期性	
激光扫描、干涉雷达	非常高（cm）	很快	非常高	容易	高分辨率、各种范围

不同的采集方式有不同的生产技术方案和流程，目前比较常用的有：

（1）全数字自动摄影方法

利用全数字摄影测量工作站，可快速获取 DEM，如果与 GPS 自动空中三角测量系统集成，则可以形成从外业控制到内业加密和 DEM 生产高度自动化以及高效的作业流程，如图 8.8（a）所示。

（2）交互式数字摄影测量方法

利用数字摄影测量工作站可以进行人机交互式的 DEM 采集，这种方法由于增加了人工干预和编辑功能，能够获得比较可靠、精度较好的 DEM。

（3）解析摄影测量方法

采用解析测图仪或经过数字化改造的精密立体测图仪获取标准网点，或获取等高线和地形特征点线再内插，最后生成 DEM。

（4）从地形图到 DEM 方法

对现有地形图进行数字化，对数字化后的等高线数据通过一定的处理（如粗差的剔除、高程点的内插、高程特征的生成等）便可产生最终的 DEM 数据，如图 8.8（b）所示。

以上四种方法，解析摄影测量方法和扫描等高线内插得到的 DEM 精度最好，加测地形特征点线的交互式数字摄影测量方法比不加测地形特征点线的全数字自动摄影测量方法精度要高，效率最高的是全数字自动摄影测量方法。

以上方法获取的 DEM 数据集，还需要通过 DEM 表面建模来表示 DEM。DEM 表面建模也称为表面重建，指对地形表面进行表达的各种处理，通常是通过一个或多个数学函数表达。DEM 建模后，模型上任一点的高程信息就可以从 DEM 表面获得。表面建模的方式有：

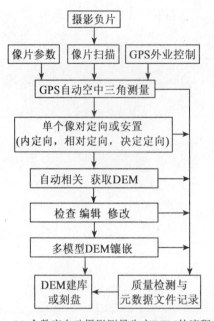
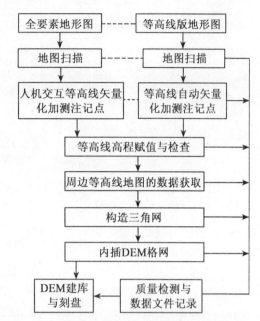

(a) 全数字自动摄影测量生产DEM的流程　　(b) 由等高线地形图生成格网DEM的方法

图 8.8　不同数据源生成 DEM 的流程

(1) 基于点的表面建模。使用多项式的零次项（即一常数）来建立 DEM，每个数据点建立一水平平面。

(2) 基于三角形的表面建模。使用多项式的前三项（两个一次项和一个零次项）来生成平面，决定这三项的系数需要三个点，构成一个平面三角形，从而此三角形决定了一倾斜的表面。

(3) 基于格网的建模。使用多项式的前三项与 $a_3 XY$ 项，需要四个点确定一个表面，在实践中一般采用正方形格网来构筑 DEM。

(4) 混合表面的建模方式，使用多个数学函数来构筑 DEM 表面。

理论上还可采用多次函数通过曲面来表示 DEM 表面，但是计算量非常大，实践中应用很少。

2. 三维建筑物数据获取

三维建筑物获取方法主要分为两大类：

(1) 在三维设计（建模）软件里，如 3DS、MicroStation，手工输入建筑模型，或在输入二维图形的建筑物多边形上加注建筑物高度。这种方式获取的建筑精度高，而且可以对建筑物内部结构进行设计，但是工作量非常大。

(2) 在航空影像的基础上，通过一定的数学模型半自动化提取建筑物，这种方式充分利用航空摄影测量的成果，速度快，所以是一种比较有前景的方法，也是目前研究的一个热点。

3. 表面纹理的恢复

为了使三维 GIS 能很好地描述空间地物，一般在空间实体表面粘贴影像图来增加真实感。影像的重要来源是航空影像。这种方式获取影像的速度快、成本低，但是不能包含城市景观中三维对象所有表面的全部纹理信息，所以必要时可辅助补充地面近景摄影影像。

建筑物屋顶和墙面在航空影像上可分为可见面和不可见面。前者可在航空影像上提取纹理，而后者则不能。对于先用灰色填充，或被其他高层建筑物所遮挡的不可见面，应通过多重影像复合来修复，但建筑物表面纹理往往具有相似性。例如，一般房屋的左右两侧墙面往往相同或相近，可将建筑物上可见面纹理块复制到不可见面上，顶点数相同，并按对应关系将各个纹理坐标给予指定。对于不能复制纹理块的不可见面或为了达到纹理高度逼真的目的，可补充地面近景摄影影像。计算机中的地面近景影像可以从普通相机摄得照片后扫描输入，或者直接用数字式相机摄得数字照片后输入，也可从摄像机摄得录像后通过视频转换得到。

地面近景影像由于近距离和大视角一般都存在着较大的透视投影效应，所以应作透视纠正。但地面近景影像没有内外方位元素及内定向参数，无法像航空影像一样使用共线方程，而应根据墙面各个端点与在数字近景影像窗口中所对应的二维扫描坐标之间的关系进行纠正。

建筑物屋顶和墙面可为任意多边形，可得到其所在平面上面积最小的外接矩形，将矩形的宽度和高度分别设为 ωt 和 ht，均平分成 2 的幂次方份，份数分别作为纹理块宽度和高度的像元点数，每个小网格对应于纹理块的每个像元点，纹理块的宽度和高度具体大小以分别最接近其在地面近景影像上选定的多边形外接矩形宽度和高度为准。要提取多边形内每个小网格所对应纹理块每个像元点的灰度或 RGB 三色值，需要知道多边形所在平面上的外接矩形与在地面近景影像上纹理块的映射关系，可设为：

$$[x, y, 1] = [\mu, \nu, \bar{\omega}] \begin{pmatrix} a_{11} & a_{12} & a_{13} \\ a_{21} & a_{22} & a_{23} \\ a_{31} & a_{32} & a_{33} \end{pmatrix} \tag{8-1}$$

其中：μ、ν 和 x、y 分别为纠正后的纹理块像元坐标及其在地面近景影像上对应的像元坐标。不失一般性，可令 $a_{33}=1$，并且因存在着透视投影，$a_{13}\neq 0$、$a_{23}\neq 0$。式（8-1）将变成式（8-2），即

$$[x, y, 1] = [\mu, \nu, \bar{\omega}] \begin{pmatrix} a_{11} & a_{12} & a_{13} \\ a_{21} & a_{22} & a_{23} \\ a_{31} & a_{32} & 1 \end{pmatrix} \tag{8-2}$$

式（8-2）有 8 个系数，需要 4 个控制点来求得。

按照几何重建中的墙面构成方式，一般地说，墙面为矩形正好是 4 个端点，可作为 4 个控制点，且在归一化相对值纹理坐标系中，4 个端点的纹理坐标分别对应于地面的近景影。像上的像元坐标：$(0.0, 0.0) \rightarrow (x_0, y_0)$，$(1.0, 0.0) \rightarrow (x_1, y_1)$，$(1.0, 1.0) \rightarrow (x_2, y_2)$，$(0.0, 1.0) \rightarrow (x_3, y_3)$，从而解得 8 个系数。

$a_{11}=x_1-x_0+a_{13}x_1$，$a_{21}=x_3-x_0+a_{23}x_3$，$a_{31}=x_0$，$a_{12}=y_1-y_0+a_{13}y_1$，

$a_{22}=y_3-y_0+a_{23}y_3$，$a_{32}=y_0$

$$a_{13} = \begin{vmatrix} \Delta x_3 & \Delta x_2 \\ \Delta y_3 & \Delta y_2 \end{vmatrix} \bigg/ \begin{vmatrix} \Delta x_1 & \Delta x_2 \\ \Delta y_1 & \Delta y_2 \end{vmatrix}$$

$$a_{23} = \begin{vmatrix} \Delta x_1 & \Delta x_3 \\ \Delta y_1 & \Delta y_3 \end{vmatrix} \Big/ \begin{vmatrix} \Delta x_1 & \Delta x_2 \\ \Delta y_1 & \Delta y_2 \end{vmatrix}$$

其中：$\Delta x_1 = x_1 - x_2$，$\Delta x_2 = x_3 - x_2$，$\Delta x_3 = x_0 - x_2 - x_3$，$\Delta y_1 = y_1 - y_2$，$\Delta y_2 = x_3 - y_2$，$\Delta y_3 = y_0 - y_2 - y_3$。

输入纠正后的纹理块，每个像元坐标，用式（8-1）便可得到其在地面近景影像上对应的像元坐标。其二维坐标是实数，用四舍五入的方法，就可将在地面近景影像上对应最近的一个像元的灰度，或 RGB 三色值赋给纠正后纹理块的像元。

当建筑物具有人字形屋顶时，墙面是五边形以上的多边形。在数字近景影像窗口中，用鼠标点出墙面 5 个以上端点所对应的位置时，具有 5 个以上控制点来求得式（8-1）的 8 个系数，类似于遥感图像处理中的几何校正，这便成为解超定方程的问题。

$$\mu = \sum_{i=0}^{N} \sum_{j=0}^{N-i} a_{ij} x^i y^j, \nu = \sum_{i=0}^{N} \sum_{j=0}^{N-i} b_{ij} x^i y^j$$

系统的用户界面上，当鼠标在数字近景影像窗口中不断地修改墙面各个端点对应点中最近的一个点的位置时，三维可视化窗口中这个墙面的纹理也作相应调整，直到墙面各个端点在近景影像上对应的每一个点位置都准确时为止。

8.3.3 三维地理信息系统在城市规划中的应用

运用遥感数据和 GIS 对城市地理空间信息强大的管理和分析功能，能准确地计算人口密度和建筑容量，进行有关城市总体规划的各项技术经济指标分析，完成城市规划、道路拓宽改建过程中拆迁指标计算，从而有效地确定各类用地性质，辅助城市用地选择和建设项目合理选址；还能确定详细规划范围内的道路红线、道路断面以及控制点的坐标、标高；合理安排各项工程管线、工程构筑物的位置和用地等。运用三维 GIS 技术可以极大地提高城市规划的正确性和科学性。

三维 GIS 在规划中的应用，除了具有管理信息系统和二维的地理信息系统的功能（如日常的办公管理、二维信息管理、二维的信息查询和分析等）外，还具有对城市和城市规划中三维信息的管理及处理和分析的功能。

三维 GIS 在城市规划中的应用主要有以下几个方面。

1. 基础应用部分

无论是城市规划的管理和城市规划的编制，都是把数据作为开展工作的基础。三维 GIS 系统秉承了管理信息系统和地理信息系统的特点，同时又加入了三维信息管理、显示、查询、分析的功能，因此，城市规划中三维 GIS 系统的首要用途就是数据管理和信息管理。

1) 现状信息的管理

对现状信息的掌握和分析，是城市规划编制、审批和实施的首要步骤。城市规划管理的现状信息错综复杂，并且数据量极大。

现状信息一般分为现状地形信息、现状建筑物信息和现状专题信息三种。

（1）现状地形信息

传统的地形信息是以地图的形式存储的，在三维 GIS 中，既可以存储和管理传统意义的二维的地图信息，也可以存储和管理三维数据特有的信息。由于城市规划工作涉及的部门很多，数据的格式上有可能产生不统一的情况，如在某些测绘部门习惯使用 Mircostation 来绘制地形图，在城市规划管理习惯使用 AutoCAD 来查看地形图，这就产生了数据的格式转换和兼容性问题。在 GIS 数据库中，能够融合各种数据格式，把它们统一管理起来，并能统一更新。

现状地形信息包括以下几个部分：①传统的二维数据：二维矢量地图、栅格地图、航空摄影资料和卫星遥感影像资料。②三维地形数据：地形的数字高程模型（DEM）或者数字地形模型（DTM）。③数字正射影像（DOM）。

(2) 现状建筑物信息

传统的建筑物信息是存储在二维数据中的，建筑物的平面数据以建筑物投影在水平面上的轮廓表示，高度信息作为属性存储在数据库中。人们要从这种二维的信息推测建筑物的三维体量，需要加入自己的主观判断和分析，十分不便。尤其对于重要的建筑物，在进行规划的时候可能要作为主要的参考信息。三维建筑物就能够满足这样的要求：对于所存储建筑物信息的详细程度，它可以按照建筑物的重要程度来划分；对于重要的建筑物，它可以建立详细的模型并附上纹理。

(3) 现状专题信息

专题信息可以包括以下几个部分，行政区划、人口经济、基础设施、公共服务设施、文物保护、道路管线、建筑物高度、容积率等。专题信息一般是以二维来表示的，但是对于建筑物高度这样的信息，用三维的形式来表达就更合适一些。

2) 规划信息的管理

规划信息的管理就是对城市规划的成果进行管理。从传统城市规划的编制阶段来说，规划的成果分为以下几个部分：城市总体规划成果、城市分区规划成果、城市控制性详细规划成果和城市修建性详细规划成果。

(1) 总体规划成果

总体规划的成果包括规划文件和主要图纸。规划文件包括文本和附件。

总体规划的图纸主要包括：①现状图：市域城镇布局的现状图和市区现状图。②用地评价图。③市域城镇体系规划图。④城市总体规划图。⑤各项专业规划图，包括：综合交通体系及道路交通规划图，给水、排水工程规划图，电力、电信、供气与供暖工程规划图，环境卫生设施与环境保护规划图，绿化系统及园林绿化规划图，名胜古迹和风景规划图，地下空间开发及人防工程规划图，河湖水系及防洪规划图。

城市总体规划所要求的数据的比例尺较小，总体规划图纸的比例一般是：大中城市为1∶10 000或1∶25 000；小城市为1∶5 000～1∶10 000，其中建制镇为1∶5 000。因此在三维可视化的地理信息系统中，模型的详细程度可以选用最粗略的等级。

(2) 分区规划成果

在实际工作中，大、中城市总体规划的图纸比例较小，深度也是有限的，主要是在结构上作轮廓性的规定。为了提高详细规划的设计质量，大、中城市常常在总体规划和详细规划之间增加分区规划这一程序。

分区规划的成果包括规划文件和主要图纸。分区规划的文件包括规划文本和附件，规划说明及基础资料附件。分区规划的图纸主要包括：规划分区的位置图、分区现状图、分区土地利用及建筑容量规划图、各项专业规划图。

随着规划范围的缩小和规划要求图纸比例的增大，分区规划对三维 GIS 提出了更高的要求，模型的尺度为 1∶5 000 才能满足分区规划的制图要求。

(3) 详细规划成果

根据不同的工作要求，详细规划分为控制性详细规划和修建性详细规划两种。

①控制性详细规划。控制性详细规划以控制建设用地性质、使用强度和空间环境作为城市规划管理的依据，并指导修建性详细规划。控制性详细规划的成果包括文件和图纸。控制性详细规划文件包括规划文本和附件，规划说明及基础资料附件，规划文本中包括规划范围内土地使用及建筑管理的规定。规划图纸主要包括规划范围内的现状图、控制性规划图等。图纸的比例为 1∶1 000～1∶2 000。

②修建性详细规划。修建性详细规划适用于当前成片开发、新建、改建的地区和建设工程项目比较落实的地区，用于指导各项建筑和工程设施的设计和施工。修建性详细规划文件为规划设计说明书，规划图纸包括规划地段的现状图、详细规划总平面图、竖向规划图、各项专业规划图、反映规划设计意图的透视图。

详细规划的深度，一般应满足房屋建筑和各项工程编制初步设计的需要。其内容和图纸可根据具体要求有所增减。图纸比例一般为 1∶2 000，也可以用 1∶500 和 1∶1 000。

2. 城市景观浏览漫游

在平台界面上以文字说明、浏览漫游及媒体播放等多种方式对所选择的景观进行显示，展现所在城市的景观。利用实时浏览和全景漫游展现出规划前后的城市景观形象，为规划专业人士提供可视化的规划辅助工具，使管理阶层人士正确领会规划方案的内涵，使市民及外界人士对本城市的景观形象有一个全面、动感的印象。演示形式多样：可以交互式的手动播放，也可自动连续演示。城市规划人员就可以动态的观察城市的三维景观，规划师可以在计算机中模拟穿行，并可以随时停留以对重点地段的规划方案进行多方探讨，了解当前城市规划的现状，有效地把握其优点与不足。考察所经过地区的地物信息之间或地物与所在环境之间是否协调，这样就可以根据当前的情况有效地制定下一步的规划方案。

3. 三维景观虚拟规划设计

1) 真实三维环境中的虚拟城市规划设计

传统的城市规划设计，通常以二维的地形平面图为基础，进行场地平面位置规划设计，而设计结构的三维效果，往往是利用计算机仿真的立体透视图来表示。尽管城市规划设计方案的 CAD 建模软件已经非常成熟，具有三维可视化功能，但却很难与具有真实地理空间坐标的建筑物和环境联系起来，在进行规划设计中也难以综合考虑现有周边的实际生态环境，以及社区或城市的整体效果。在城市真实数字模型的三维可视化环境中进行城市规划设计，打破了传统设计方法的局限性，使设计者如身临其境随心所欲地选择最佳设计方案，实现规划设计方案与周边环境和谐匹配。同时，还可以快速进行多方案比较选择，只需随时改变设计参数，即可在真实三维景观环境中，展现出想象的设计实体空间效果。其中包括设计模型的结构形状、纹理效果、光照效果、相关位置、整体环境效果等，如图 8.9 所示。

2) 虚拟规划与真实景观的集成

城市景观的真实再现，是重建的城市真实三维数字模型；城市景观的虚拟规划，是城

图 8.9 三维景观虚拟规划设计示例图

市规划方案的设计模型。将两个模型无缝地叠加在一起，就实现了虚拟景观与真实现实的集成。这样就可以直观地比较虚拟规划前后城市景观的变化，并可以交互地观察虚拟规划后的建筑物与周围城市环境的融合程度，为规划方案的制定提供直接参考。

4. 城市规划方案评估

将规划设计方案制作成三维模型，并将其结合到现状三维模型中，生成规划审批三维模型。这样，规划师就可以在计算机中选择任意路线、方位、角度对该规划方案进行跟踪、审批与评测，以对重点地段的规划方案进行多方探讨。规划师还可在任何需要的时候，根据要求对该地段规划方案的色彩设计、布局、空间体量关系，以及建筑与环境之间的关系进行多方探讨与分析评价。除此以外，规划师还可以从任意视角、任意高度来全方位地观察该规划设计方案，审查该方案与周边环境的关系、日照情况、通视情况等，根据这些判断规划方案的优劣及合理性，从而为规划决策提供辅助。

5. 其他应用

1) 日照分析

所谓日照分析，就是通过模拟大寒日的日照变化，由计算机计算出各采样点的具体日照时间。对于居民住宅之间的日照，国家 1993 年出台的《城市居住区规划设计规范》有明确的规定。居民住宅间距，应以满足日照要求为基础，综合考虑采光、通风、消防、防震、管线埋设、避免视线干扰等要求确定。大城市住宅的日照时间，在大寒日不得低于两小时（以底层窗台的日照时间为准，下同），或者不得在冬至日少于 1 小时。

三维可视化平台所具有的日照分析功能主要有：

（1）在指定区域和时间计算日升、日落和日照基本参数。

（2）在指定位置计算日照时间、日照强度等参数。

（3）单点采光分析。建筑群体内任意一点，在任意时间和高度的日照分析计算。

(4) 对建筑设计的采光性给出参考意见。

(5) 智能推算满足指定日照要求的建筑物高度及位置。

(6) 待建建筑物位置分析。准确确定待建建筑物在已有建筑群体内满足自身日照要求和其他已有建筑日照要求的合理位置。

(7) 待建建筑物高度分析。准确确定待建建筑物在建筑位置已经确定的条件下，在已有建筑群体内满足自身日照要求和其他已有建筑日照要求的合理建筑高度。

(8) 对不同的建筑物给出日照持续时间的量化指标，评价建筑物采光性的优劣。

对于规划管理部门来说，利用这一功能既可以在建筑物高度确定的条件下，结合自身及其他建筑物的光照时间要求，合理地确定待建建筑物的位置，又可以在建筑物位置已经确定的条件下，根据日照时间的要求来确定待建建筑物的合理高度。这样，城市规划的审批者在审批建筑物的设计时，就可以依法把握好相邻建筑物"采光权"等规范标准，对规划方案进行科学、合理的审批，避免纠纷。

日照分析如图8.10所示。

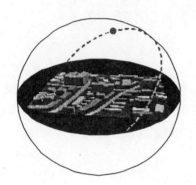 

图 8.10 日照分析

2) 通视分析

通过通视分析模块，可以直观地评估某栋楼某个房间的通视情况，判断其是否有比较良好的视野，而无遮挡，这对于规划方案的评估有很重要的意义。如果一栋楼在建成后对本身或其他的建筑物的视野造成了不良的影响，那么这个规划方案显然是不合理的，而在传统的规划方案审批过程中从图纸上是无法动态地观察一个待建建筑物的通视情况的，因此这种审批结果可能带有一定的风险性，而且也容易在事后引起纠纷，造成不必要的损失。有了通视分析的辅助就可以一目了然，从而防患于未然。

通视分析如图8.11所示。

3) 缓冲区分析

城市中的道路也是很重要的一类地物信息，随着经济的发展和机动车的日益增多，房屋拆迁和道路拓宽的案例越来越多。那么，缓冲区分析可为它们提供有效的辅助作用。例如：选择待拆迁道路两侧的房屋，得到房屋高度、查询房屋占地面积等房屋自身的属性信息。这样规划管理部门就可以很方便地计算待拆迁房屋总的占地面积，从而计算出拆迁的预算，更好地制定合理的拆迁方案。又如针对待拆迁道路，在其周围形成线缓冲区，可以人为控制缓冲区内建筑物的可见与否，以便观察道路拓宽前后的效果。另外，利用平台的

图 8.11 通视分析

量测功能,可以方便地得到填挖方的数值。

4) 水淹分析

模拟水淹效果,判断水淹范围。城市的建筑物,尤其在一些大城市中,多数都具有地下室。利用水淹分析功能,城市规划部门就可以合理地规划、设计地下室的高度,可以有效地防止降雨时雨水倒灌等。

以上所介绍的例子只是规划领域应用的一部分,三维地理信息系统在城市规划中的应用范围是非常广泛的,而且取得了很好的实际效果。要真正发挥三维地理信息系统在规划管理方面的优势,提高城市规划管理的智能化水平还有很多工作要做。只有把三维地理信息系统与诸如规划管理等具体应用紧密结合才能真正发挥其优势,也只有在规划管理等领域中引入诸如三维可视化平台等科学的管理手段,才能提高规划管理的水平,做到科学管理、合理规划。

8.4 城市 GIS 应用的展望

8.4.1 GIS 在城市规划政府管理部门的应用

今天,政府部门正面临着前所未有的挑战,除了在规划、交通、公众安全、城市改造、经济开发、地下管道和供水设备管理等方面必须做出准确、迅速、科学的决策外,还要承担为医药卫生、福利和社会服务等机构提供信息管理服务的沉重负担。政府机构只有通过采用新技术来提高工作效率和服务质量,满足日益增长的经济社会需要。在政府机构的日常业务中,大多数决策都与地理信息有关,因此 GIS 技术在帮助政府实现高效益、高效率目标中变得越来越重要。GIS 是政府各种基础设施的重要组成部分,在政府工作中起着非常重要的作用。

1. GIS 在城市规划政府管理中的功能

1）城市综合管理功能

城市综合管理功能主要包括城市基础设施管理、城市地籍管理、项目跟踪管理、交通管理等为各种城市管理机构提供管理服务的功能。系统可以借助数字化仪、扫描仪等多种外录设备录入各种格式的空间数据，如基本地形图、城市规划图、基础测绘图、市政管线图、道路交通图等，还可录入各种文本数据和相应的属性数据。系统能实现空间、属性信息的快速查询检索，并进行地形分析、区域分析、定距离搜索分析、道路网络分析和影像分析、缓冲区分析等，同时还能输出各种图形、图像、图表、表格、文档等形式的查询检索或统计分析结果。这就可以实现计算机化的城市规划管理、用地管理、建筑设计管理、房地产权产籍管理、市政管理、环境规划和管理等。系统的统计量算功能可生成各类要素的指标统计数字和线图，如各类用地面积的百分比图、直方图、饼图和曲线图等。

2）规划预测和辅助分析决策功能

规划预测功能是指应用城市规划管理信息系统所提供的硬件、软件和信息库资源，对城市综合环境、城市各专项指标和城市各项活动进行规划与预测，并根据限定条件按城市各地块的实际条件进行规划配制，为未来发展提供依据。如可根据系统中现有的各种参数，对城市建设项目的预期投资效益、功能效益和城市各年份洪水水位以及波及范围进行预测等。又如，按照城市人口规模和工业生产综合发展规划以及改善城市环境规划等数学模型，通过系统的分析，可以获得城市各地块近期、中期、远期发展所需的用地预测数据，对不同项目进行各种尺度和不同时期的预测。系统也能提供全方位横断面剖析图生成、控制范围动态提示、拆迁面积以及补偿费用计算等分析功能，辅助规划方案审定和重点项目选址时的分析与决策。

3）投资环境综合分析与评价功能

投资环境综合分析与评价是指利用城市地理信息系统的各种信息资源，如人口、环境、水文地质、经济状况、道路交通、城市管网、城市基础设施、资源状况和生产力水平等，通过建立不同的分析模型和辅助决策支持系统，对城市的单一或综合性问题，如城市规划、企业投资、公交网络、土地利用变更、工程投资等进行综合分析评价，并提供具体效益分析数据，为有关部门的决定提供科学依据。

4）城市管理法规、政策等的模拟分析功能

城市管理法规、政策等的模型分析功能是指城市管理决策部门在形成法规、政策、条例或规定之前，对所提出的法规、政策等可能带来的效益和问题进行模拟分析，如城市的改建、扩建、拆迁等项目，在真正实施之前，可以利用城市地理信息系统进行有关的模型分析，这一分析的结果对有关政策、法规的出台具有十分重要的参考价值。

5）工程效益模拟分析功能

工程效益模拟分析功能是指利用城市地理信息系统的有关数据和软件，对城市建设工程进行多方案的系统论证分析，以确定利弊优劣。如对城市立体交叉桥和对城市轨道交通的建设，由于涉及大量的建筑拆迁和人口安置，在建设之前，必须通过城市规划建设地理信息系统对城市人口分布、城市财政状况、沿线交通流量和其他有关基础设施进行模拟分析，以选择最佳地点和最佳建设线路。

6）集成数据管理功能

按照统一的空间坐标系统和标准的信息分类体系，将城市规划管理过程中所参照和产生的图文信息进行规范化组织分类，形成基于网络的空间数据无缝连接且图文信息动态连接的综合信息资源，实现图文数据的整体集成管理。

7）联网办理规划方案的审批和办理有关文书事务

根据城市规划管理的业务工作流程和服务承诺，依照各级业务人员的业务职责和审批程序，开发实用的报审材料录入、审批流转登记、进度追踪管理、制书、制证、制图，以及批后材料归档等应用功能，实现基于网络的协同办公以及项目的追踪监控。

2. GIS 在城市规划政府管理中的应用前景

随着计算机技术和 GIS 的不断发展，GIS 在城市管理应用中不断深入，其发展的趋势大致可以归纳为：

1）WebGIS 技术推动办公自动化

WebGIS 是一种采用完全不同于 PC 的操作系统和不同于 IP 网络的通信协议，它是在地理信息系统的低层开始与数据库技术相结合，采用开放式设计而发展的空间数据库。随着政府办公自动化系统的网络化，这种技术的出现也就自然而然地加入到网络化的城市管理系统中了。

2）移动 GIS 的发展渗透与城市应急管理

在地理信息发布系统中，移动 GIS 占有重要的地位。分布广泛的终端设备如 WAP 电话、PDA、寻呼机甚至普通电话，都可以获取空间信息，使得多维地理信息的获取成为可能。移动 GIS 是 GIS 发展的新领域，有着巨大的市场规模和良好的盈利前景。它在政府部门的应用中主要用于搜救、资源勘测中的目标定位、目标追踪、网络化管理等公共部门的应急管理。

3）多元数据的融合使操作更方便

通过在多种数字地图，如数字划线地图（DLG）、数字栅格地图（DRG）、数字高程模型图（DEM）、数字建筑模型图（DBM）、数字管线模型图（Digital Pine Model，DPM）、数字专题地图（DOM）等两种或两种以上的数据之间建立拓扑关系、位置关系和属性关系，对这些数据进行融合，为实现 GIS 的管理和分析功能奠定基础。该技术的特点是可视化和操作使用更方便，它可以使更多不懂 GIS 专业的人员理解和应用 GIS，为其推广应用提供条件，尤其是它可以利用多元数据的背景，提高规划设计方案的效率和准确程度，并可以在立体数据环境下运行，使城市规划方案显得更丰富、逼真。

4）软件的一体化有利于扁平管理体系的建设

随着 IT 技术环境的快速变化，传统软件与新技术之间、各种专业软件之间正进行着一体化的发展趋势。目前以 CAD 和 GIS 软件一体化为潮流，不久将会出现更多的 3D GIS、WebGIS 和 VR 技术的一体化。随着政府各部门之间管理工作的相互渗透和向一体化的进展，GIS 在政府部门中的一体化也越来越多，主要体现在规划管理、房地产管理、基础地理信息、综合管线、城市建设政府办公自动化等系统中 MIS、GIS、CAD、OA、WebGIS、3D GIS 和 VR 等软件的一体化。这种一体化将使各部门之间紧密联系，从而打破各部门分割和条块分割的管理模式，城市管理向扁平化方向发展。

8.4.2 GIS 与电子政务

1. 电子政务的基本概念

随着现代化信息技术的不断发展和成熟，基于网上的社会和经济活动越来越频繁，人们的观念也随着网络的日益普及而发生深刻的变化，全球信息化的时代已经来临。与此同时，受全球信息化的影响，各国政府的运作模式和职能也在发生相应的变化，办公自动化、电子化、网络化、信息共享，提高政府的办公效率已是各国政府发展的主要目标。在此背景下，电子政务应运而生。在世界各国积极倡导的"信息高速公路"中，包括电子政务、电子商务、远程教育、远程医疗和电子娱乐等5个部分，电子政务被列为第一位。电子政务建设是信息化建设的重要组成部分。

所谓电子政务，就是政府部门应用现代信息和通讯技术，将管理和服务通过网络技术进行集成，在互联网上实现政府组织机构和工作流程的优化重组，超越时间、空间和部门之间的分割限制，向社会提供优质和全方位的、规范而透明的、符合国际水准的管理和服务。

从服务对象看，电子政务可以被划分为3类：政府部门之间的电子政务（G2G）、政府对企业的电子政务（G2B）和政府对公众的电子政务（G2C）。

电子政务的深入发展和应用必须以地理信息系统（GIS）平台为支撑，GIS技术在电子政务中的应用越来越广泛，大的方面如环境监测、土地规划、防灾减灾、城市交通、通讯指挥、道路建设、医疗卫生，以及突发应急事件等；小的方面如车辆导航和定位、物流配送等。基于GIS的电子政务赋予电子政务新的特色和内容，丰富了电子政务的内涵，为以后的发展拓宽了空间。

2. 电子政务与 GIS 的关系

1）GIS 是电子政务建设的空间定位基础平台

电子政务旨在为政府机关建设一套用于对全国的政治、经济和社会发展情况进行综合业务管理和分析辅助决策的工具。政府许多部门的工作流程中，都涉及地理空间相关信息的参考、处理和分析。国内外电子政务的研究和应用实践证明：80%以上的政府机关的综合业务管理和辅助决策活动与地理空间分布相关。这是因为，政府的业务活动都是在一定地域的地理空间内发生的，脱离地理空间的业务管理和决策活动往往带有主观性和片面性，难以实施科学决策。政务办公业务综合资源数据库是电子政务建设的核心，它涉及的信息是多方面的，既需要政府办公自动化和政府管理信息系统中的大量政务数据、统计数据和专题数据，更需要政务 GIS 的空间地理基础数据。其中，地理基础数据是政务数据、统计数据和专题数据的信息载体和定位基础。

2）GIS 为电子政务提供空间辅助决策平台

在电子政务建设过程中，没有地理空间数据参与的统计型政府管理信息系统，一般只能用于事物处理、综合业务管理和非空间分析决策，从而制约了社会经济数据的使用层次和使用效率。GIS 与电子政务的融合，就能实现对非空间数据的空间定位、空间分析和空间辅助决策。即不仅能确定客观实体是什么，还能确定客观实体的地理位置和空间分布规律，通过空间数据挖掘，可以获得新的信息和知识，从而有助于提高政府决策的科学性和时效性。

比如，政府机构在研究西部大开发、可持续发展、农村城镇化等发展战略和西气东输、西电东送及进藏铁路等重大建设工程时，如果不采用地理空间数据和 GIS 等先进技术，就难以获得有说服力的分析结论，更难以作出科学决策。而 3S 技术的渗入，则为电子政务的海量数据管理、多源空间数据和非空间数据的融合、WebGIS 技术和自主版权软件系统的开发、空间分析、空间数据挖掘和空间辅助决策等提供了技术支撑，从而提高政府机构的科学决策水平和决策效率。

3) GIS 为电子政务提供清晰易读的可视化工具

一般统计型管理信息系统难以提供丰富多彩的图形、图像显示工具，而 GIS 则可在符号系统和动态多媒体系统的支持下，通过模拟地图、电子地图、多媒体系统、三维仿真和虚拟现实技术等实现对政府机关综合业务管理和空间辅助决策的可视化表达，从而为电子政务系统提供科学、直观的综合信息分析和辅助决策的有效工具。

4) 电子政务为 GIS 建设提供新的发展机遇

电子政务对地理空间数据和 GIS 技术提出了许多新的要求，必将促进国家空间数据基础设施和 GIS 技术的发展。客观需求是高新技术发展的原动力，GIS 在实际应用中才能发展。电子政务的建设需要多源、多尺度、多品种和现势性好的地理空间数据的支持，为了适应电子政务对 GIS 等高新技术的需求，需要加强对政府 GIS 理论和新技术的研究与开发，真正做到"与时俱进"。这必将带动地理空间数据的快速获取和更新技术、海量数据管理技术、3S 集成技术、WebGIS 技术和信息共享技术等的快速发展。

3. 基于 GIS 的电子政务发展趋势展望

随着我国一系列关于电子政务的方针、法规和政策的出台，特别是《国家信息化领导小组关于我国电子政务建设的指导意见》（17 号文件）、《电子政务标准化指南》等政策措施，我国电子政务建设已逐步进入统一的轨道。在新的形势下，基于 GIS 的电子政务的发展出现了新的特点，呈现出新的趋势。

（1）信息资源是基于 GIS 的电子政务发展的重要战略资源，国内在过去建设了很多办公业务资源数据库，但最重要的一些基础性、公益性和战略性的数据库，例如人口基础信息库、法人单位基础信息库、自然资源和空间地理基础信息库、宏观经济数据库等，要在今后若干年内建设起来，它们将对我国电子政务的整体建设发挥巨大的推动作用。

（2）基于 GIS 的电子政务不只是现代信息技术在政府工作中的应用，它还是用 GIS 和其他技术手段去固化政府的行政管理模式，其应用已同政府职能的转变、同政府机构的改革、同政府业务流程的重组紧密结合，最终将促进政府管理职能和办公效率的有效提高。

（3）基于 GIS 的电子政务建设不只是政府自身的事情，需要企业和公众的积极参与。大的基于 GIS 的电子政务建设需要几千万、甚至上亿元的投资，特别是在广大的西部不发达地区，经常为资金的筹集而推迟甚至放弃该建设规划。即使资金到位，规划是否合理、如何降低成本和运行风险也经常是电子政务建设要考虑的问题。此时，可以考虑和企业合作，进行公私合营，通过与企业合作的方式转嫁自己的风险；同时也让企业获得有形和无形的收益，双方各取所需。

（4）基于 GIS 的电子政务建设越来越注重于实效。在实际建设中，提高政府办事效率，对公众进行服务是其重要的目标。应尽可能使公众体会到基于 GIS 的电子政务建设的实效，让公众是否满意这是衡量电子政务建设是否成功的重要尺度。公众满意了，反过来也会促进基于 GIS 的电子政务建设的良性发展，同时会大力推动 GIS 技术的提高以及产业化的提高。

（5）基于 GIS 的电子政务建设逐步体现出人性化的特点，以人为本、人性化在国外电子政务的建设中出现较早，运用得也比较成熟。例如美国国家电子政务的入口"第一网站"（www.firstgov.gov）、英国面向公众服务的门户网站"英国在线"（www.ukonline.com）以及加拿大政府的网上服务等，都是利用 GIS 技术，站在公众的角度，按照公众所需，获取相应的服务，特别是保障残疾人上网获得政府服务的权利。我国在基于 GIS 的电子政务建设中也逐步认识到人性化的重要性，重视在实践中不断满足公众的实际需求，增加便民利民的内容，吸引更多的公众使用电子政务系统，以提高政府在公众中的形象。

（6）基于 GIS 的电子政务建设越来越需要合理的绩效考核来及时反馈。这里牵涉管理、效率和评估的问题。如同企业和员工在年终都要进行绩效考核一样，在基于 GIS 的电子政务建设中也要引入企业管理的相关理念。政府部门不同于企业，不是经营行为，但基于 GIS 的电子政务能降低其办公的成本，提高服务水平和公众的满意程度，提升政府的形象，使政府部门的服务手段和理念发生改变。因此，可以从公众的满意度，办公效率和较少的投资等三个方面来对电子政务的绩效进行考核和评估。其中，以公众的满意度为主要指标，在此基础上逐步建立一个针对基于 GIS 的电子政务建设的绩效评估体系。

（7）基于 GIS 的电子政务建设越来越以需求为导向，应用为主线，数据为中心。基于 GIS 的电子政务建设经历过一些误区，有些项目纯粹是为了政府的"形象工程"，对电子政务，特别是对 GIS 技术的认识比较模糊，认为基于 GIS 的电子政务就是要建设新的网络、新的应用、新的业务支撑系统，铺新摊子，而没有真正从实际需求出发。需求不明确的系统很难成功，成功的电子政务系统一定要源于社会需求，以需求为引导，目标定位清楚，整合各种数据资源，围绕数据进行应用开发，保持数据的相对集中，应用的相对分散，即数据采集的结果向上集中，数据采集的实际应用与数据分析应向下分发。

（8）基于 GIS 的电子政务的标准日趋统一，标准化工作越来越完善。标准化是基于 GIS 的电子政务建设中实现互联互通、信息共享、业务协同、安全可靠的重要保证，没有标准化就不能实现基于 GIS 的电子政务的真正革命。在国家电子政务标准化总体组和相关 GIS 组织的指引下，根据"基础性"、"共性"和"关键性"的要求，兼顾 GIS 本身的特点，不断充实和改进现有标准，同时引入新的标准，建立一套具有自主知识产权的、适合我国国情并与国际标准相兼容的电子政务标准体系。

（9）基于 GIS 的电子政务的培训将全面展开。由于电子政务在政府部门日常行政管理中的作用越来越重要，各级公务人员或多或少都要接触和使用到电子政务系统；同时，GIS 技术在电子政务中的应用又具有专业特点。因此，很有必要对各级公务人员进行电子政务和 GIS 的知识和技能培训，在实践中提高基于 GIS 的电子政务系统的使用熟练程度，反过来，通过实践又可以促进基于 GIS 的电子政务和 GIS 技术和产品的向前发展。

主要参考文献

1. 宋小冬，叶嘉安. 空间信息系统及其在城市规划与管理中的应用. 北京：科学出版社，1995

2. 修文群，池天河．空间信息系统．北京希望电脑公司，1999
3. 闾国年，吴平生，周晓波．空间信息科学导论．北京：中国科学技术出版社，2000
4. 董振宁．GIS 应用新趋势，国家空间信息网，2000
5. 陈述彭主编．城市化与空间信息系统．北京：科学出版社，1999
6. 谢永达．三维城市模型的构建及其在规划中的应用研究．武汉大学硕士学位论文，2004
7. 龚健雅主编．当代地理信息技术．北京：科学出版社，2004
8. 何奇松，刘子奎．城市规划管理．上海：华东理工大学出版社，2005
9. 栗斌，纪平，丽红．基于 GIS 的电子政务现状分析和展望．测绘与空间地理信息，2005（4）：10～14
10. 马晓霞，满永利．浅谈电子政务与 GIS 建设．大众科技，2006（5）